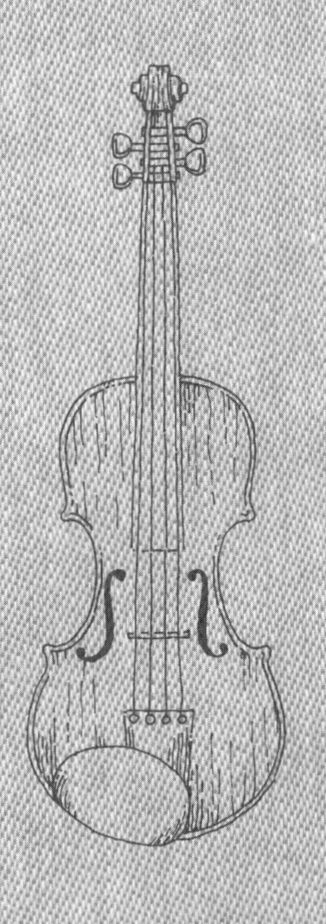

The Wonders of Physics

L. G. Aslamazov, A. A. Varlamov

身近な物理

The Wonders of Physics Ⅰ

バイオリンから ワインまで

村田惠三 訳

丸 善 出 版

The Wonders of Physics

by

L. G. Aslamazov and A. A. Varlamov

日本語版への緒言

日本の読者に拙著，“The Wonders of Physics” を紹介できることは誠に嬉しい．1987 年に初版が出版されてから四半世紀経った．この本は長寿を保って読者に受け入れられてきた．ロシア語版は初版から 2，3，4 と版を重ね（2002, 2004, 2010, 2013)，英語で 3 版（2001，2004，2012)，イタリア語（1997)，スペイン語（2011)，中国語（2013)，そして今回，丸善出版のお蔭で，日本語版の運びとなった．

過去 28 年の間，世界は激変した．われわれの重大な優先事項は変わった．読者に新しい世代が育ち，1980 年代の中ほど，初版に取り組んでいた著者たちでさえ夢見だにしなかった科学技術の新しい成果がわれわれの生活の一部に取り込まれてくることになった．物理の進歩と合せ，この本もたゆまぬ発展を遂げてきた．そのため，新しい章が加わり 3 倍の長さになり読者に高温超伝導，核磁気共鳴，ナノ物理のような基幹的な発見，そして日常生活への新しい発見の応用などを語ることとなった．

過去 15 年，著者（A.V.）はイタリアに住んでいる．ここでは食物の文化が一般の人たちの間では最優先の関心事の一つだ．コーヒーの物理，エコロジーの物理的観点に関するイタリアの出版社から出した私の初期の著作は，人々の毎日の活動の中に著者が新しく発見した分野で物理法則がどのように働くか理解する努力の結果から生まれたものだ．これらの仕事は予想を超えて，多くの人々の興味をかき立てることとなり，手応えのある反応が返ってきた．そして，いくつかの言語に翻訳され，テレビでも議論されるに至った．これが“美食の物理”がロシア語版に現れた由来である．日本の読者が喜んでくれることを願う．

アスラマゾフ（1944–1986）と私がこの本を著した理由はわれわれ自身の興味を満たすばかりでなく，自然界に現れる物理の美しさへの称賛を多くの人たちと共有することだった．われわれは有能なフレッシュマンから熟練の Ph.D 学生までいろいろなレベルで物理学を教えることに多くの時間を割いている．われわれのすべての経験から，規則正しく，厳密な学問の訓練の必要性は明らかであるが，それに加えて，教師（あるいは著者）が毎日の現象での物理の重要さを証明するような“芸術的な”アプローチが重要であるということに確信をもった．題名だけでなく本の中身でわれわれの物理の認識をなんとか伝えられたことを願っている．この本は雑誌“Kvant”に掲載された過去 40 年間の論文に基づいている．

私の友で，科学編集者，日本語への翻訳者である村田恵三教授には深い感謝と称賛を表したい．彼のこの出版に関する熱意なしにはこの日本語版は不可能であったろう．彼の高い学識と前向きな批判のおかげで，既刊にあった多くの誤りを正してくれたばかりでなく，頻繁な議論を通じて，私の日々の現代物理の理解を豊かにしてくれた．さらに，日本の伝統的な温泉卵の料理法に関連して困惑が起こることを回避してくれた（第 I 巻第 11 章）．

私は，多くの友や同僚 A. アブリコソフ（Jr.），G. バレストリノ，A. ブズディン，Yu. ガルパリン，D. フメルニツキー，A. リガモンティの各教授と私の高校の先生，A. シャピロと D. ズナメンスキーの両博士の諸氏に深い謝意を表したい．彼らの寄与なくしてはこの本は生まれなかったであろう．

2014 年 11 月　ローマにて

A.A. ヴァルラモフ

ロシア語初版への緒言から

20 世紀では物理が発する科学は科学技術の革命の最先端にいた．今日では，物理学は人類の発展の方向を決め続けてきている．最大の例は革新的に現代技術の体系を変えるかもしれない最近の高温超伝導の発見だ．

しかし，大宇宙から微粒子に至るまでのミステリーを掘り下げていくと，科学者たちは，トランスや斜めに放出された物体を取り扱うような伝統的な学校物理学，すなわち，多くの人たちが思っているような物理学からどんどん離れていく．一般向けの本の目標はそのギャップを埋めて，好奇心の多い読者に，主たる偉業を見せながら現代物理の秀でたことを提供することだ．それは生かじりをよしとしない難しい仕事だ．

お手元の本では，この種の文献の最良の伝統を作り上げたと思っている．現役の理論物理学者であり，同時に，科学知識の献身的な普及者である著者が明快，かつ魅惑的に書くことにより，読者に量子固体物理学の最新の成果を提供する．しかし途中では，それ自身当たり前になっているような挿話や自然現象にも物理法則がどのように本性を現しているかを示した．そして最も重要なことは，科学者の目を通せば，世界が “数学を用いて調和していることが証明” できることを示していることだ．

この本の著者の一人であり超伝導理論の著名な専門家でもある L.G. アスラマゾフ教授がこの本を見ることなく逝ってしまったことはとても悲しい．彼は長らく人気科学雑誌 “Kvant”（量子）の副編集長を担当してきた．

高校の生徒から物理学専門家に至る幅広い読者が，この本が身のまわりの問題を広範囲に扱っていることから，おもしろく，楽しみながら，そして読みがいのあるものであることと感じてくれることを願っている．

（1987 年　モスクワにて）

訳者まえがき
―日本語版への翻訳に寄せて

ローマと戦ったカルタゴの故地で，長年，イタリアに住むロシア人科学者ヴァルラモフ（Andrey Varlamov）から本書の邦訳をもちかけられた．楽しそうなトピックスが盛り沢山であったことと，ちょうど一般向け物理本の執筆に興味をもっていたので，引き受けることになった．しかし，原本にした英語第3版では，露英辞典の産直と思われる稀語，奇語が次から次へと目の前にまとわりつくように現れ，行く手を阻まれたのはまったく予想外であった．そこから中の香りをかぎだして日本語に表現する作業は，苦しくもあり，楽しくもありで，今は，ほろ苦い達成感を感じる．そして改めて俯瞰してみると，本著が現代の文化遺産のように浮かび上がってくるかのような感を覚えた．

すでに，原本のロシア語版はもとより，イタリア語，英語，スペイン語訳で発行され，2013年には，中国語版が出た．中国語版は13,000部が完売，フランス語版では内容は異なるが優秀書に与えられるPrix Robervalを授与されたと聞いた．世界に受け入れられている本著の日本語版を届けられることを嬉しく思う．

コンピューターや携帯電話は，あれもこれもできる道具だが，使い上手はすべてを使わず機能のつまみ食いで楽しんでいる．日常の物理に興味をもつ人，先端物理を垣間見たい人，スパゲッティやコーヒーのうんちく話にのめりこむ人，この本は読み手の趣向に合せて，章の順序にかかわらず，つまみ食いが可能だ．そして，この本はなぜなぜ好きの理系向きばかりでなく，粋人のつまみ食いの雑学欲をも満たしてくれる珍肴も盛り沢山だ．

暮らしの中で何気なくどうしてかと思っていること，例えばバイオリン演奏では弦に触っているのになぜ弦は振動するのか，お湯を沸かすとき，沸騰後より沸騰寸前が一番うるさいことなどがある．卵のとがった方と丸い方をぶつけるとどちらが勝つかという『ガリバー旅行記』に現れる問題や，一方では，スパゲッティ，コーヒー，ワインの歴史をオタクを超えた記述をしている．さらに，その茹で方，シチリアで金持ちが恵まれない人とコーヒーを分かち合う粋な風習など，著者のイタリア文化への傾倒ぶりはひと方ではない．ウォッカは冬でも割れない，開け放しでも変質しないなどロシア文化の紹介も忘れない．物理，物理と急く人も著者の余裕を汲みとろう．

本著のテーマは崇高というより，なじみのものばかりなのに，旧ソ連，ロシアの知識人の一般素養の高さ，深さを伺わせるのはなぜだろう．いくつかの章頭に見られる引用や，随所から著者らが物理以前にヨーロッパの古典に網羅精通しているように見えるのだ．日本の古典をほとんどこなしてこんな本が書ける日本の物理屋が何人いるだろうか？ これはロシア知識人の博識の水準を示す文化モニュメントといえるだろう．

本著は，元の英語版，第3版への疑問，間違いなどを著者とおびただしい数の確認をしながら完成度を高めた．かくして図面や数値の変更，卵割りの話や温泉卵あたりの改訂と加筆もあり，元の英語版より完成度の高いものになったと自負している．同時に，この本に日本文化も合流できたと思っている．

訂正，疑問を著者 A.V. と解決していくうちにますます，親交を深めることとなり，いつか一緒に仕事をしようともちかけられている．“Kvant”（A.V. のまえがき参照）の一稿でも彼としたためたいものだ．

最後に．丸善出版の編集者，佐久間弘子氏には，読みやすくするための助言を受けた．ここに謝意を表したい．

2015 年 12 月

村田恵三

目　次

II 部　台所で物理を語る　97

I　部

土曜の夜に物理を語る

たくさんの不思議なことや，背景にある原因について，日頃，われわれはあまりにも慣れきっているために見逃していることが多い．しかし注意深く観察すれば，それらがいろいろ考えるための基礎になっていることに気づくだろう．

“小石を水に投げ入れたとき，小石が織りなす多数の円に注目してみよう．さもなくば小石を投げ入れるのは時間の無駄遣いだ．”
— 偉大なプルトコフ記す[a]．

身のまわりにあるこの世で最も起こりそうにない現象すら，平凡な物理で説明できることをぜひわかっていただきたい．

[a]プルトコフ（Koz'ma Prutkov）は19世紀の偉大なロシアの作家，詩人，哲学者．彼の選集はアレクサンダー・プーシキン（Alexander Pushkin）とミハイル・ロモノソフ（Mikhail Lomonosov）のものと合せて，ロシアの多くの学者の座右の書になっている．

1章　なぜバイオリンから音が出るのか

バイオリンには色はなかったが，音があった．

—パンチェンコ（N. Panchenko），バイオリンに関する詩

物体が媒体中を移動するときはいつでも，運動を遅くさせようとする抵抗力が働く．物体が機械的に固い表面を滑るときの，乾燥摩擦力がそれだ．液体や気体の中の，液体摩擦（粘性）や空気中では空気力学的抵抗がそれにあたる．

物体とその周辺の媒体との相互作用の過程は，通常は，物体の運動エネルギーからの仕事–熱変換になるが，意外と複雑である．一方，媒体が物体にエネルギーを与えるという逆の状況も可能である．そして，これはある種の振動を引き起こす．例えば，動いている洋服だんすと床（ゆか）の間の乾燥摩擦力はブレーキをかけることになり，運動を遅くさせる．バイオリンの弦と弓が起こす同じような摩擦は弦を響かせる．あとで見るように，後者のケースでの振動の原因は摩擦が相対速度の減少関数であることによる．実際，速度が増大したとき，摩擦が減ると振動が起こる．

コンチェルトバイオリンを例に機械的な振動の発生を図解してみよう．バイオリンの音は動く弓に起因しているだろうか？ 特殊な音楽のトーンの形成に関わる複雑な現象をすべてここで説明するのは，もちろん不可能であるが，弓を弦に対して滑らかに引っ張っているときに，原理的にどうして弦が振動し始め

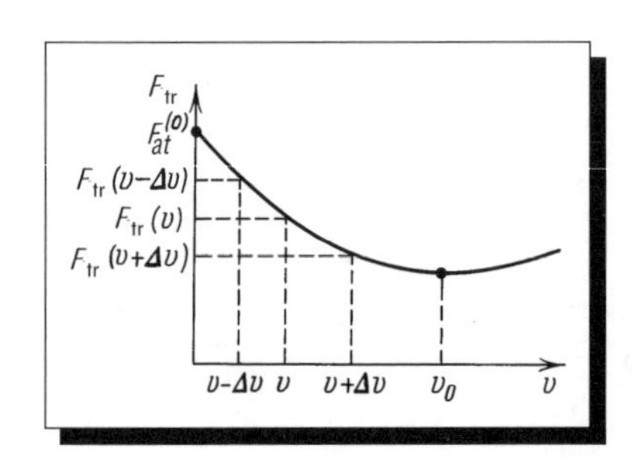

図 1.1　乾燥摩擦の相対速度への依存性—典型的な例.

るのかということを，考えてみよう.

弓と弦の摩擦力は乾燥摩擦である．われわれは異なった種類の摩擦を簡単に区別できる—静止摩擦と動摩擦だ．前者は互いに動いていない接触面で生じ，後者は物体が他の表面に沿って滑っているときに生じる.

知られているように，前者の場合（滑っていないとき），摩擦はある最高値 $F_{\rm fr}^0$ になるまで，（強さは同じで反対方向の）外力とつり合っている.

それに対して，動摩擦は物質，接触面の状態，そして 2 物体の相対速度に依存する．この後者の状況をもっと細かく考えてみよう．動摩擦と速度の関係は物体が異なると異なる．速度が上がれば，動摩擦は最初は下がり，その後上がる．乾燥摩擦力の速度に対するそのような関係を図 1.1 に示した．弓の毛と弦の間の摩擦力も同様である．弓と弦の相対速度 v がゼロのとき，それらの間の摩擦は $F_{\rm fr}^0$ を超えない．よって，曲線の $0 < v < v_0$ の減少部分においては，相対速度のどんなわずかな速度差 Δv でも，摩擦力に，対応する減少を引き起こす．逆に，速度が減少していくとき，力の変化は正になる（図 1.1）．そして，乾燥摩擦による機械的仕事を使って弦のエネルギーが増大するという特徴がすぐにわかるだろう.

弓が滑る直前までは，弦はそれとともに引っ張られる．そして，摩擦は弦の張

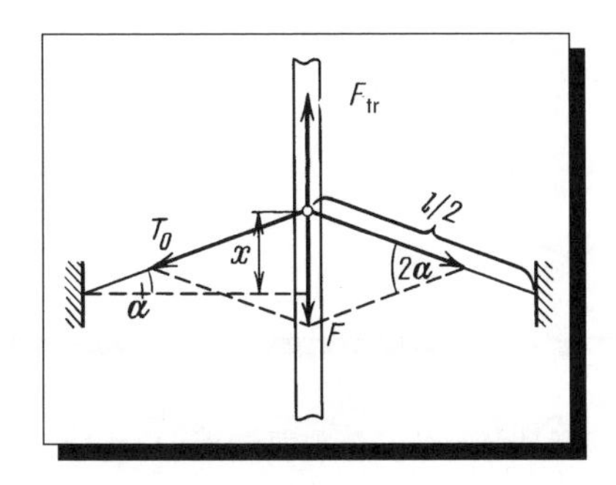

図 1.2 弓が滑る直前までは，静止摩擦が二つの張力の合成力となる．

力とつり合う（図 1.2）．結果として張力は弦の平衡からのずれ，x に比例する．

$$F = 2T_0 \sin\alpha \approx \frac{4T_0}{l}x$$

ここで，l は弦の長さ，T_0 は張力で，これは短い伸び x では一定値と見なすことができる．弦が弓といっしょに引っ張られるときは，力 F は，最大値 $F^0_{\rm fr}$ に到達するまで増大を続ける．

説明を簡単にするため，滑りの初期は，摩擦力は最大静止値 $F^0_{\rm fr}$ から急に減少して，比較的弱い力になると仮定しよう．言い換えると，弦の滑りをほとんど自由運動と考えることができるということだ．

弦が弓に引っかかっていたときから滑りに転じた瞬間は，弦の速度は弓の速度と同じになる．そして，同じ向きへの動きを続ける．しかし，ここで，張力をちょうど打ち消すものがなくなるので弦の運動は減速し始める．こうして，あるとき，速度はゼロになり，弦は停止し，ついで，反対方向に動き出し，弓と反対方向に動く．さらに，反対方向への最大の振れのあと，弦は弓と再び同じ方向に動かなければならない．この時間のあいだずっと，弓の方は一定速度 u で動き，ある点では弦と弓のスピードが絶対値も向きも一致する．この弦と弓の滑りはいずれ消え，再び，摩擦が弦の張力とつり合うようになる．ここで，弦

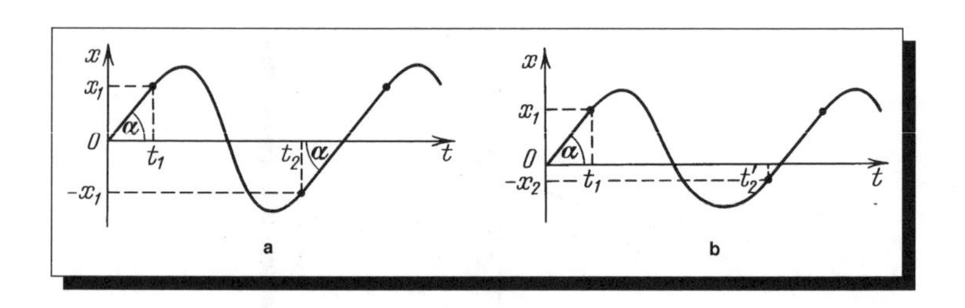

図 1.3　弦の変位の時間依存性：a は動摩擦のないとき，b はあるとき．

は平均位置に近づき，張力も通常の値を保ち，反対向きに作用していた摩擦をそれに応じて減らすことになる．こうして，弦が平衡位置を通過したあと，すべてはくり返される．

時間に対する弦の変位について図 1.3a に示した．弦の周期的な運動は，二つの特徴的な時期に分れる．すなわち，$0 < t < t_1$ のときは，弦は弓に一定スピード u でついていき，それは経過時間（$\tan\alpha = u$）に直線的に比例する．時刻 t_1 に，"離陸" が起こり，$t_1 < t < t_2$ の間，x の時間依存性は sin 的になる．t_2 のとき，sin 曲線の接線が曲線の最初の直線部分と同じ傾き α になったとき，(すなわち，弦と弓の速度が同じになったとき)，弦は再び弓にとらえられる．

図 1.3a は弓と弦の間の動摩擦がない理想的な場合を図解している．したがって，弦が自由に運動して，エネルギー損失はない．振動の全サイクルの間，（滑らない時間中に）摩擦力で行われる全仕事はゼロになる．なぜなら，負の x に対して，摩擦力は運動に反する方向なので機械的仕事は負になり，一方 $x > 0$ では仕事は絶対値では同じく，符号は正になるからである．

次に，滑り摩擦力が無視できるほど小さくない場合，何が起こるか調べてみよう．この場合は，エネルギー損失がある．滑りながらの弦の運動を図 1.3b に示した．x の正の値のときは，負の値のときより傾きが大きい．こうして，正の x_1（このときは弦が最初に弓に対して滑り出したときである）より負の方向に少し変位（図中で $-x_2$）したとき，弦が弓に引っかかる（$x_2 < x_1$）．この結果は，弓と弦がいっしょに動いている間，摩擦によって行われる正の仕事となる．

$$A = \frac{k\,(x_1^2 - x_2^2)}{2}$$

ここで $k = 4T/l$ は弦を平衡位置から引っ張る静止摩擦値と弦の振れ[a]の比例定数である．

全仕事の正の部分は滑り摩擦によるエネルギー損失を補い，減衰することなく弦を振動させる．

一般的にいえば，エネルギーを補うために，弦を弓にくっつけておく必要はまったくない．相対速度 v が滑り摩擦の相対速度依存性が減少する範囲に留まるだけで十分である（図 1.1）．ここで，この場合の弦の振動をもっと詳しく見てみよう．

次の仮定をしよう．すなわち，弓は一定速度 u で引っ張られていて，弦は何もないときの平衡位置から x_0 だけずれている．ゆえに総張力 $F(x_0)$ は再び滑り摩擦力 $F_{\mathrm{fr}}(u)$ 分で相殺されているとする．もし，たまたま，弦が弓の動く方向に変位したとすれば，二者の相対速度は減少するだろう．これは摩擦が増大する原因になる（われわれは $F_{\mathrm{fr}}(u)$ 曲線の下降部分にいることに注意！）これが，逆に，弦の伸びを大きくさせる．もちろん，どこかの点では，弾性力は摩擦力を超える（張力のベクトル和は何もないときの位置からの弦のずれに直接比例し，一方摩擦は F_{fr}^0 を超えないことを思い起こそう）．弦は減速を開始し，ついで運動を反転し，反対方向に行く．戻るときは，弦は平衡点を通過し，反対側の端で止まり，そのあとは，すべてをくり返す $\cdots$ こうして振動は増幅する．

このような振動は，ひとたび開始したら，減衰なしで振動し続ける．たしかに，弓の方向に弦が速度 Δv で運動し，$u > \Delta v > 0$ のとき，摩擦は正の仕事をする．

---

[a] グラフ中の直線部分では（図 1.3），摩擦力は張力の合成と同程度の値（図 1.2）であったことを思い起こそう．

一方，戻るときは摩擦の仕事は負になる．前者の場合の相対速度 $v_1 = u - \Delta v$ は，後者の場合の相対速度 $v_2 = u + \Delta v$ より小さい．しかしながら，摩擦，$F_{\mathrm{fr}}(u - \Delta v)$ は第一の状況のほうが第二の状況 $F_{\mathrm{fr}}(u + \Delta v)$ より大きい．こうして，弦と弓がいっしょに動くときの摩擦による正の仕事は，弦が戻ってくるときの負の仕事に打ち勝つことになる．これは振動の一循環のあいだで，正の総仕事になる．結果として，連続する振動とともに振幅が増大する．そして，これはある限界まで増大し続ける．もし，$v > v_0$ で，弓と弦の相対速度 v が $F_{\mathrm{fr}}(v)$ のグラフの下降部分に最終的に留まるなら（図 1.1），摩擦の負の仕事は正の仕事を超えることができ，振動の振幅は減衰する．

結果として，ある種の平衡振幅をもつ安定な振動が最終的には得られる．そこでは摩擦による全仕事は正確にゼロになる（正確にいえば，1 周期中の正の仕事は空気抵抗，非弾性的な変形などによるエネルギー損失を補う）．バイオリンの弦のこれらの定常的な振動は減衰なしに進行する．

一つの物体が他の物体の表面に沿って動くとき，音の振動が励起されるということはごく普通のことである．乾燥摩擦はその一例で，ドアの蝶つがいの中で，靴と床のタイルのあいだで，キイキイと音を立てる，などなど．滑らかで十分固い表面[b]に指を軽く押し当てて引っ張ればキイキイ音を立てることができる．そして，これらの例で起こる現象はバイオリンの弦の励起とたぶん，たいへん似ている．まず，滑りがない．そして弾性変形が“離陸”が起こるまで発達する．そして，“威厳をたたえた”振動が始まる．そしてひとたび始まったら，それらは鎮まることなく，目立った減衰なしに続く．同じような減衰の性質から，振動に必要なエネルギーを得るための正の仕事を摩擦力が行う．

もし，摩擦の表面での相対速度依存性で振動の性質が変わるなら，金切り音（キイキイ音）は消えるだろう．例えば，表面に油をさすだけで，イライラす

[b]2 章「音を奏でるゴブレット」（ゴブレットは，ワイン，ビールなどに用いる取っ手のない脚付きの大型グラス）はこの種の些細な例である．

る金切り音から逃れられることは誰でも知っている．そして，その背景にある物理的理由はありふれたものだ．液体抵抗はゆっくりの運動では速度に比例する．そのため，振動を維持するのに必要な条件は，乾燥摩擦が液体摩擦におき換わったときに消える．逆に，振動したほうがよいときには，表面はしばしば特別に処理されていて，速度が増したとき，摩擦力が鋭く減衰するようになっている．例えば，まさにこの理由から，ロジン（松脂などでできた滑り防止材）がバイオリンの弓に使用されている．

摩擦の法則を理解することにより，しばしばいろいろな現実的，工業的問題を解決できることは驚きでもなんでもない．例えば，金属片を旋盤加工するときなど，刃（バイト）の好ましくない振動が増幅する．これらの振動は道具と表面に沿ってずるずると滑っている金属の削りくずとのあいだの乾燥摩擦の力で起こる（図 1.4）．ここで，高品質の鋼に関する摩擦の速度依存性でもよく知られている（速度の増大で摩擦が減少するという）“下降”の性質を思い出してみよう．それは，われわれはすでに知っているが，振動を励起する主たる条件になっている．そのような（刃にとっても，削り出されている製品にとっても，非常に有害だということがわかっている）振動を抑える通常の方法は，単純に潤

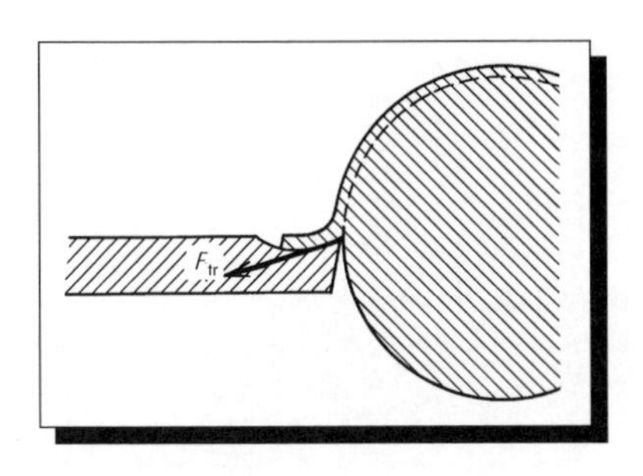

図 1.4　旋盤の刃（バイト）の振動は刃研ぎの角度を正しくしておけば，除去できる．

滑剤を加えるとともに，刃先が切削物の材質に合わせた正しい角度になるように特別仕立てに研ぐことであり，これによりずるずる滑ることも起こらず，振動の起こる原因を除去できる．

Let's try!　一定の滑り摩擦があるときの，弦の運動を（文章か公式で）記述してみよう．

2章　音を奏でるゴブレット

馬車はきらきら光るクリスタルでできた開いた殻に似ていた．二つの大きな車輪は同じ材質で作られているように見えた．それらが回転するとき，不思議な音を立てた．その音が最高潮に達したと思いきや，またまたさらに大きくなって近寄ってくる．これらの和音の音色はグラス・ハーモニカの，しかし驚異の強度と力強さを思い出させる．

—ホフマン（E. T. A. Hoffmann），
“ツィノーバー（Genannt Zinnober）”

何の変哲もないワイングラスに歌を歌わせることができるといっても，それは奇抜な考えというほどでもない．しかし，歌わせる特別な方法があることがわかった．どれほど特別だろうか？ その判断は読者にゆだねよう．

もし，あなたが水に指を入れたあと，ガラスコップの縁に沿って，縁を濡らした状態で，注意深く指を回したら，金切り音が出るだろう．しかし，水が完全かつ一様にガラスの縁を濡らしたあとには，音はどちらかというとメロディックな感じになるだろう．指の圧力を変えると，音の高さを簡単に変えられる．音の高さはガラスコップのサイズや厚さ[a]にも依存する．

ところで，すべてのガラスコップがこのように音を奏でるとは限らないことに気づくだろう．適切な方法を探していると，それは非常に微妙なことであることがわかり，解明には少々時間がかかる．最高の “歌手” は回転放物面をも

---

[a]音を励起するしくみは弓楽器のそれと同じである，1 章の「なぜバイオリンから音がでるのか」を見よ．

ち，首長の幹をもった薄皮のゴブレットであることがわかる．もう一つの肝心なパラメーターとして，ガラスの共鳴音を決めているのは液面の高さである．一般には，液面が高いとガラスコップは低い音を出す．水の高さがガラスコップの半分を超えるとき，壁が振動を始めるので，液体の表面に波が立つ．最大の邪魔は，音を出している指の位置である．

有名なアメリカの科学者（であると同時に，かの国の歴史の中で最も偉大な政治家の一人 — 稀有な人材，その当時，両方をこなす人が実在していた— *D. Z.*）であるベンジャミン・フランクリンは空気中の電気の実験で最もよく知られているが[b]，前の段落で議論した現象を利用して奇妙な楽器を作った．それはホフマン（E. T. A. Hoffmann）の作品“ゲナント・ツィノーバー（Genannt Zinnober）”に記されているものとたいへん似ている．それは完璧に磨かれたガラスコップを並べたもので，それぞれ真ん中に等間隔に小さな穴を開けたものであった．コップが一本の軸上に置かれた箱の下にはペダルがあり，昔のミシンのように，シャフトを回せるようになっていた．そして，濡れた指でちょっと触っただけで，系の音量を強いフォルテから弱音まで落とすように変化させることができる．いまでは信じがたいことだが，この“ゴブレットオルガン”が演奏されているところを聞いた人々には，この音のハーモニーは聴衆にも演奏者にも驚異的に心打つこと，請け合いだった．1763年にはフランクリンは彼の楽器を英国夫人デービスにプレゼントした．彼女は数年の間，それを見せながらヨーロッパを旅をして回ったが，その後，その有名な楽器の足取りがわからなくなった．たぶん，ドイツの作家，ホフマンの記憶は本当の話であろう．彼自身，有能な音楽家であった．彼の小説“ゲナント・ツィノーバー”に登場させているのである．

いままで，ガラスコップについて話してきたが，別のおもしろい話をしてみよう．偶像反対の新教徒のように聞こえるかもしれないが，シャンパングラス

---

[b]ベンジャミン・フランクリン（Benjamin Franklin，1709–1790），アメリカの政治家，作家，科学者．

を鳴らすのは通常はエチケット違反だろう．事実ここで扱うことも，もちろん物理の話だという理由からだが，シャンパンや炭酸飲料をついでゴブレットを鳴らしてみると，何とも表現しがたい包み込むような音を出す．では，どうしたものか？ シャンパンを入れてゴブレットを鳴らしてみようではないか？

物理の言葉で説明すれば，われわれがコップを鳴らしたときに聞く，耳に心地よいようなジンジンという音は高周波の音波に由来している．われわれのガラスコップは 10～20 kHz 程度の高周波の共鳴器の役割もしている．われわれが空のガラスコップ，または発泡しない飲料を入れたガラスコップを鳴らすとき，これらの振動は一度鳴ったら結構長いあいだ鳴り続けている．一方，このことは必然的に，シャンパン入りのゴブレットにしたとき音を小さく包み込むようにする原因を示唆している．これらは，ボトルを開けたときにほとばしる炭酸水のはじける気泡である．それらの泡は短波長の音波を散乱させるだろう．同じような過程が，分子密度の揺らぎがスペクトルの短波長成分の光を散乱させるような空気でも起こっている（II 巻の 4 章を見よ）．

可聴音の最大振動数（$\nu \sim 20\,\mathrm{kHz}$）でも，水中の波長 $\lambda = c/\nu \sim 10\,\mathrm{cm}$（$c = 1,450\,\mathrm{m/s}$）は，シャンパン中の CO_2 の泡のサイズ 1 mm より十分大きい．そのため，泡は音のレイリー型の散乱の妥当な原因の一つになるように見える．しかし，問題をもう少し詳しく見てみよう．例えば，$\lambda_{\min}$ の見積もりは本当は何を意味するのだろうか？ 簡単のためだけであるが，ゴブレットの複雑な形を忘れ，角型の箱を考え，1 次元的に膨張，収縮する音波がその中にあるとしよう．箱の中の余分な気圧は，

$$P_e(x, t) = P_0 \cos\left(\frac{2\pi x}{\lambda} - \omega t\right) \tag{2.1}$$

と表すことができ，ここで P_0 は圧力振動の振幅，ω は音波の振動数，λ はそれに対応する波長，x は伝搬の軸に沿った座標である．

λ の最低値ですら，コップのサイズ $x \ll \lambda_{\min}$ より十分長いので，t_0 のとき

の，関数 $P_e(x, t_0)$（音波の**圧力場**ともよばれる）は，コップの体積中ではほんのわずかしか変化しない．こうして，(2.1) の cos の括弧内の第 1 項は無視できるくらい小さくなり，余分の圧力の空間–時間分布は主として，cos の括弧内の第 2 項から決定される．実際，$x \ll \lambda$ が無視できる量なので，ガラスコップ中の余分な圧力場は空間的にはほとんど一様だが，時間的には速く変化していて，

$$P_e(t) = P_0 \cos\omega t \tag{2.2}$$

となる．

圧力場 (2.2) と長さ l の箱の中に立つ通常の定在波との違いを覚えておこう．後者の共鳴条件は，$l = n\lambda/2$ であり，ここで $n = 1, 2, \cdots$ である．この長い波長の音波はガラスコップに収まらない．しかし，実際のガラスの壁は弾性的で，振動に寄与している．壁の振動は空気中に音として伝わり人に聞こえるようになる[c]．

コップ中の液体の総圧力は大気圧と $P_e(t)$ の和であり，

$$P_e(t) = P_{\mathrm{atm}} + P_0 \cos\omega t$$

となる．われわれは，シャンパンゴブレット中で観測された音の減衰の背景にある，本当の理由を理解する第一歩を踏み出したにすぎない．答は次の事実に隠されている．すなわち，気体が飽和まで詰まっている液体は，いわゆる**非線形音響媒体**である．“科学的” な言葉としては実際は次のようなものを意味する．気体の液体への溶解性は，圧力に依存することが知られている．高圧ほど，気体が単位体積あたりの液体に溶け込みやすい．しかし，音波の振動があるときコップ中の圧力場が時間変動することは確認済みだ．液体の圧力が大気圧より低いときは，気体の液体からの放出は増大する．気体の放出は圧力の単純な調

[c]ワイングラスのもともとのクリスタル音は，液体によるソロではなく，むしろ素晴らしい容器とのデュエットだということがわかる．

和振動的な時間依存性を歪める．気体が飽和まで溶け込んだ液体を非線形音響媒体[d]とよぶのは，この特別な意味がある．気体の放出は不可避的に音響振動からエネルギーを奪い，減衰を早める．ガラスコップを鳴らし始めると，すべての振動数の音が励起される．このような機構から，高いピッチのモードが低いピッチのモードより速く消滅してしまう．高周波がなくなって純粋な高いピッチを奏でるメロディがみじめな弱々しい音に変わっていく．

しかし，気体泡が液体中の音波を減衰させるだけでなく，ある状況では，気体泡は音波を発生させることもあることが明らかになった．事実，高出力レーザーパルスでたたかれた水の中の小さな気泡で，音の振動が励起されうることも最近，わかってきた．この効果は，泡の表面に当たったレーザービームの衝撃で引き起こされる．そこでは光は内部反射すべてを感じるだろう．そのような "たたかれ" のあと，泡はしばらく（振動が減衰するまで）振動し，まわりの媒体中に音波を励起する．これらの振動の振動数を評価してみよう．

自然界には見かけと異なる重要な現象で，調和振動子と同じ方程式で記述できる現象がたくさんある．これらは異なった種類の振動であり，—ばねの上で跳ねるおもりや，分子，結晶の中の原子，LC 共振回路でコンデンサーの電極から電極に流れる電荷，その他たくさんある．いままでの例を結びつける確固たる物理的特徴は "復元力" の存在である．もし系が外部摂動によって平衡からずらされたとき，復元力が生じる．系はつねに平衡に戻ろうとし，復元力は変位に線形に依存する（比例する）．そして，液体中で振動している気泡はそのように振動している，もう一つの例である．こうして，泡の振動の典型的な振動数を見積もるために，われわれはばねの上の質点のよく知られた関係を用いることができる．もちろん，それをするためにわれわれはこの場合[e]に "弾性係数"

[d]非線形に音が歪むことは Hi-Fi ファンの悪夢だということを思い出そう．

[e]ばねの弾性係数 k は復元力 F と平衡位置からの変位 x の比例関係を特徴づける．

$$F = -kx.$$

k の役割をするものをはっきりさせなければならない.

第一の候補は液体の表面張力 σ であろう. $k_1 \sim \sigma$; 少なくとも次元 (N/m) では合っている. 調和振動子の振動数の公式の重力質量のところに, 関与している液体の質量を代入するのは合理的であろう. 明らかにこの質量は大きさの程度でいえば, 泡から締め出された水の質量の程度であろう. これは, 泡の体積と液体の積, $m \sim \rho r_0^3$ を与える. こうして, 泡の振動の自然な振動数に対する表現,

$$\nu_1 \sim \sqrt{\frac{k_1}{m}} \sim \frac{\sigma^{\frac{1}{2}}}{\rho^{\frac{1}{2}} r_0^{\frac{3}{2}}}$$

を得る. しかし, これが唯一の可能な解ではないことがわかる. われわれはまだ別の重要なパラメーターを用いていない. それは泡の内側の圧力 P_0 だ. 泡の半径を掛けると, それは "弾性定数", $k_2 \sim P_0 r_0$ と同じ $[N/m]$ の次元を与える. これらの新しい係数を振動子の自然な振動数と同じ関係式に代入すると, 泡の振動数のまるで異なった値,

$$\nu_2 \sim \sqrt{\frac{k_2}{m}} \sim \frac{P_0^{\frac{1}{2}}}{\rho^{\frac{1}{2}} r_0}$$

を得る.

この二つの値のうち, どちらが正しい値だろうか? 驚かれるかもしれないが, 実は, 実際両方ともに正しい. 両者はそれぞれ気泡の振動の二つの型に対応しているのだ. 第一のものは, 気泡がレーザーを当てられた, すなわち, レーザーの衝撃を得たときに起こる振動だ. そのような運動では, 泡は体積一定で, 形と表面積はつねに変化している. この過程では, "復元力" は表面張力[f]で決められる. これに対し, 第2の型は, 泡が全方位から押されたり, 緩められたり

[f]異なった種類の振動が山ほどあるなかで, 気泡の体積が変化しないものがあることに気づくだろう. それらは単純にある方向が縮めば, 他方が広がり, またその変形の向きが異なったりしながら, ときにはドーナッツのようにもっと激しく変形する. これらの振動の振動数も定量的に変化するだろうし, そして, それらの大きさの程度は, $\nu_1 \sim \sigma^{1/2}/\rho^{1/2} r_0^{3/2}$ に等しい.

した場合だ．この場合，圧力で振動が開始する．第二の振動数 ν_2 は径方向の膨張，収縮する振動に対応する．

レーザー線が泡に与える衝撃の効果は明らかに非対称だ．したがって，この型の励起による，泡でできた音波は第一の型に属する．さらに，もし，例えば泡のサイズがわかっていれば，泡から発生した音の振動数から振動の型を決定できる．いま話題にしている実験では，この振動数は，$3 \cdot 10^4$ Hz となる．残念ながら，水中の小さな気泡のサイズを十分な精度で測るのは困難である．しかし，気泡のサイズは 1 mm の何分の 1 の程度であることは明らかだ．$\nu_0 = 3 \cdot 10^4$ Hz, $\sigma = 0.07$ N/m，$P_0 = 10^5$ Pa，$\rho = 10^3$ kg/m^3 という数字を対応する公式に入れれば，両方のタイプの音を作る気泡の特徴的なサイズは，

$$r_1 \sim \frac{\sigma^{1/3}}{\rho^{1/3}\,\nu_0^{2/3}} = 0.05\,\mathrm{mm}, \qquad r_2 \sim \frac{P_0^{1/2}}{\rho^{1/2}\,\nu_0} = 0.3\,\mathrm{mm}$$

となる．

実は泡のサイズはそんなに変わらないことがわかる．明らかに，サイズの違いが小さすぎてどちらの型の振動が発生しているか決められない．しかし，泡の半径の見積もりは毎日の観察から予想するものと完全に一致している．次元解析に基づくこの証拠は，われわれの理由づけを支持する．

Let's try!　シャンパングラスで高周波の高調波が基本音よりはやく減衰するかどうか考えてみよう．

3章　泡としずく

われわれの周辺の，自然な，あるいは人工的な状況下で表面張力が示す姿は数多く，驚くほどさまざまだ．それは水を集めてしずく（滴）にしたり，石けんの泡を作って虹色にきらきらさせたり，または普通のペンで字を書くのを助けたりする．それは宇宙技術にも用いられている．液体の表面が，結局，引っ張られた弾性的な膜のようにふるまうのはなぜか．

液体表面にごく近い狭い層にいる分子は特別な状況に“存在”していると見なすことができる．分子たちは偶然に片側だけに同種の分子が隣にくることになる．一方，“内側の”居住者たちは見映えもふるまいも自分とうりふたつな親戚に完全に囲まれている．

近くにいる分子同士での引力相互作用のおかげで，それらの位置エネルギーは負である．一方，後者の絶対値は，第一近似では，最近接分子の数に比例すると仮定される．したがって，表面の分子は，それぞれがすぐ隣では近接分子の数が少ないので，液体中の分子に比べて高い位置エネルギーをもつことは明らかだ．表面層でのポテンシャルエネルギーを上げる別の要因は，液体中の分子の濃度が表面では減少することだ．

もちろん，液体の分子は絶え間ない熱運動で動いている—分子のいくつかは表面を離れて，液の中に潜るだろうし，そのほかはそれなりの場所に収まる．しかし，表面層の平均的な余剰ポテンシャルエネルギーのことをつねに考えておく必要がある．

余剰のポテンシャルエネルギーのことをいう理由は，分子を液体の中から抽出して，表面に移動させるには，外力は正の仕事をしなければならないからである．定量的にはこの仕事は表面張力σで表現され，それは単位表面積を占めている分子の付加的なポテンシャルエネルギーに等しい（付加的なポテンシャルエネルギーとは，分子がバルク（表面より内部）の水中にいたときと比較しての差のこと）．

最も安定な状態とは，いろいろな可能性のある状態のなかで最も低いポテンシャルエネルギーの状態の場合だとわかっている．とくに，液体は，与えられた条件下では，つねに最も表面エネルギーの小さい形をとりたがる．これが表面張力の源で，それはつねに液体の表面積を減らそうとする．

3.1 シャボン玉

英国の物理学者，ケルビン卿[a]の言葉を借りると，“シャボン玉を吹いてご覧，それをずっと一生涯調べ続けても，次から次へと物理の教訓を引き出せるものだ”と述べた．例えば，石けんの薄膜は表面張力の効果を調べる素晴らしい対象だ．

シャボン玉の膜がたいへん薄く，ゆえに質量は無視できるので，重力はいま考えているケースではあらわな役割をしていない．ゆえにここでの主役はわれわれが示したばかりの表面張力で，それは，与えられた状況内で表面積をできるだけ小さくしようとしている．

ではどうして石けん膜である必要があるのか？ どうして，例えば蒸留水の膜の研究ができないのか？ とくに蒸留水の表面張力は石けん水溶液の場合より，数倍大きいことを考える．

---

[a]ケルビン卿（Lord Kelvin, 1824–1907），最初は W. Thomson の名であったが，1892 年以降，Baron Kelvin に改名．英国の物理学者，数学者，英国王立協会の会長．

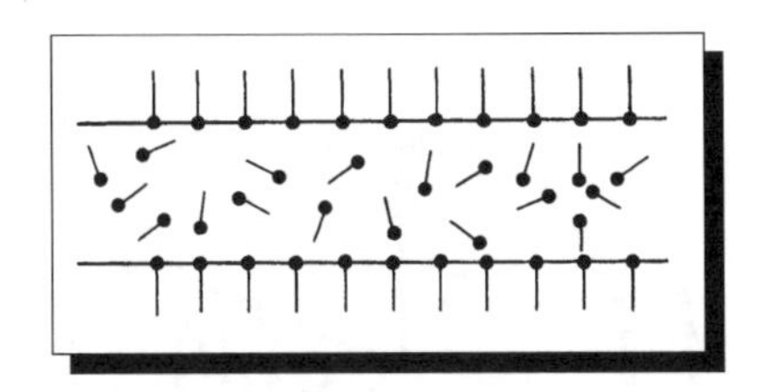

図 3.1　石けん膜の構造．小さな要素は有機分子を示し，黒丸は親水端（頭），反対側は疎水端（尾）．石けん膜の安定性は界面活性な有機分子の存在のおかげだ．

答は表面張力係数にそれほど依存しておらず，むしろ石けん膜そのものの形に依存していることがわかる．事実，石けんは**界面活性剤**，言い換えると，両端が水に対する親和力が完全に逆になっている長い有機分子がたっぷりある．すなわち，“ヘッド（頭）”とよばれる片方の端は水に親水的であり，もう片方の“テイル（尾）”は疎水的なものである．このおかげで，石けん薄膜が複雑な構造になる．すなわち，膜の内側は界面活性剤[b]が密に配向した層で形成された壁で装甲されている（図 3.1 を見よ）．

しばらくシャボン玉の話に戻ろう．われわれのほとんどが，自然の素敵な創造物の素晴らしさに受動的に感激するだけでなく，われわれ自身もそれらを作ってきた．それらは完全に球状で，最後に何かの物体にぶつかって破裂するまでは，空中に非常に長い時間滞在できるのは感動的だ．内部の圧力は大気圧より高くなっている．この圧力差分はシャボン玉の膜がその表面積を小さくしようと試みて，中の空気を締めつけるからである．そして，泡の半径 R が小さいほど，内外の圧力差は大きくなる．では，この圧力差，ΔP_{sph} を見積もってみよう．

思考実験をしてみる．シャボン玉の表面張力がわずかに減少したとしよう．

[b]界面活性剤は主として表面張力を減らし，洗剤の濡れを改善するために用いられている．一方，石けん膜を安定化させ，石けんの泡の寿命を延ばす．

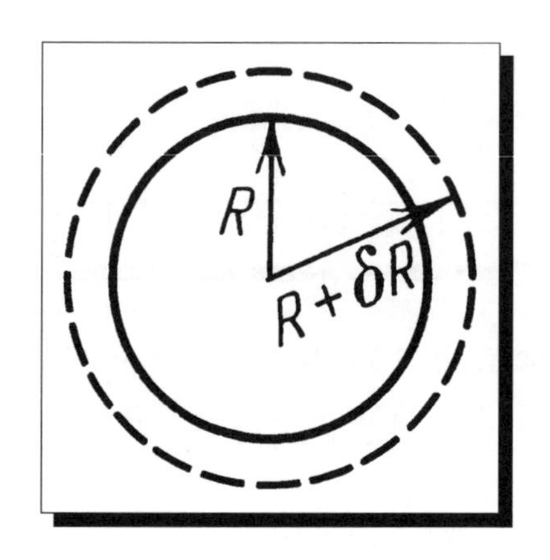

図 3.2　シャボン玉の無限小量の膨張.

すると，その半径は結果として $\delta R \ll R$（図 3.2 を見よ）だけ，増大する．これは，逆に，次のような外部表面積の増大を引き起こす.

$$\delta S = 4\pi\,(R+\delta R)^2 - 4\pi\,R^2 \approx 8\pi\,R\,\delta R$$

（$S = 4\pi\,R^2$ は球の表面積）．こうして表面エネルギーの増加は,

$$\delta E = \sigma\,(2\,\delta S) = 16\pi\,\sigma\,R\,\delta R \tag{3.1}$$

と書くことができ，δE は微小量 δR に比例し，表面張力 σ は一定と仮定できる.

ところで，表面エネルギーの元来の定義にはなかった，(3.1) で新たについた “2” の因子に気づいてほしい．それは，われわれが泡の内部表面，外側表面の両方の表面を考慮したからで，泡の半径が δR だけ増大したとき，その両表面は余分に $8\pi\,R\,\delta R$ だけ広がる.

この表面エネルギーの仮想的な増大は，泡の内部にとらえられて圧縮された空気の機械的な仕事のおかげである．体積が微小量 δV 増大したときでも，泡

の内部の圧力はほぼ同じ値で留まるため，この仕事は表面の増大，

$$\Delta P_{sph}\,\delta E = \delta V$$

に費やされる．一方，ここでの体積は，薄い壁の球状の殻（図 3.2），

$$\delta V = \frac{4\pi}{3}(R+\delta R)^3 - \frac{4\pi}{3}R^3 \approx 4\pi R^2\,\delta R,$$

に等しい．これから，

$$\delta E = 4\pi R^2\,\Delta P_{sph}\,\delta R$$

を得る．

ここで，この公式と以前に確立した公式（3.1）と比べてみよう．これは，表面張力，

$$\delta P_{sph} = \frac{4\sigma}{R} = \frac{2\sigma'}{R} = 2\sigma'\rho \tag{3.2}$$

と均衡する球状の泡の内側に発生した圧力差を与える（関係式，$\sigma' = 2\sigma$ で，2 倍になった液体の表面張力の係数を示す）．

明らかに，単純に曲がった表面の場合（例えば，球状の液滴），この圧力差は $\delta P_{sph} = 2\sigma\,/\,R$ となるだろう．この関係は**ラプラスの公式**[c]とよばれる．半径の逆数 $\rho = 1/R$ は，通常，球の**曲率**とよばれる．

こうして，圧力上昇分は球面の曲率に比例するという，重要な結論にたどり着いた．しかし，球は石けんの泡がとれる唯一の形ではない．実際，泡は二つの輪[d]で，例えば，図 3.3 に示すように，上面と下面の丸い球状の “帽子” で円筒状に引き延ばすことは簡単だ．

---

[c]ラプラス（Pierre-Simon Laplace, 1749–1827）．偉大なフランスの数学者．ラグランジュ（J. L. Lagrange），カルノー（L. Carnot），ルジャンドル（A. M. Legendre），モンジュ（G. Monge）などとともに，フランス革命と同時代のフランス数学会（界）の巨星たちの一人．ラプラスは確率論，天体力学への寄与に加えて，物知りが無残にも “内務大臣” を指名されたのに短期で失敗したとき，「無限小の概念を事物の采配に取り入れた」とナポレオンからいわれたという言葉でたいへん有名．

[d]泡に触れる前に，輪を石けん水に突っ込まなくてはならない．

図 3.3　針金の枠を用いれば，円筒状のシャボン玉を作ることができる．

そのような“非正統的な”泡の圧力差の値はどうなるのだろうか？ 円筒状の表面の曲率[e]は異なった方向で変化することは明白である．曲率は，(円筒がまっすぐなら）泡を引っ張っていく方向ではゼロで，しかし，軸に垂直な断面では，R を円筒の半径として $1/R$ となる．では，ρ のどんな値を，以前に導いた公式に代入すればよいだろうか？ 任意の表面での両側での圧力差は平均曲率で定義できることがわかる．直円筒でのどのようになるのか明らかにしてみよう．

まず，点 A で，円筒に垂線[f]を立てる．ついで，その垂線を通過する面の集合を作る．結果としてできるこれらの面の断面（垂直断面）は，円，楕円，または平行な直線になったりする（図 3.4)．たしかに，与えられた点での曲率は異なる．円のときに最大で，縦のときに最小（実際はゼロ）になる．平均曲率は，与えられた点での垂直断面の極値の最小値と最大値の和の半分，

$$\bar{\rho} = \frac{\rho_{max} + \rho_{min}}{2}$$

で定義できる．この定義は円筒にだけ適用されるのではない．原理的に，あら

[e](2 次元の）曲がりの曲率 ρ とは何を当てはめたらよいのだろうか？ 球で定義されたのと同じように定義される．R を半径として，$\rho = 1/R$ となる．それ以外の曲がりのいかなる小さな部分もそれぞれ，まったく同様に，ある種の半径の逆数と考えられる．この半径の逆数は与えられた点での曲面の曲率とよばれる．

[f]すなわち，点 A で，接面に垂直な線．—*D. Z.*

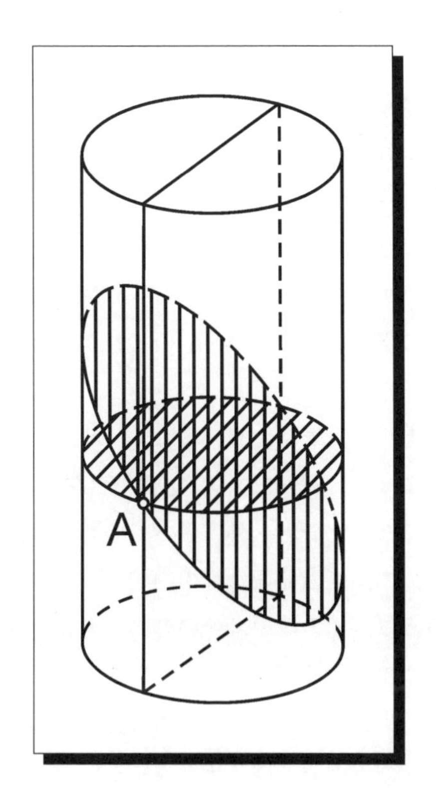

図 3.4　円筒の一般の断面（図では傾いた斜線の断面）は，切る角度により，同じ点 A でも曲率が異なる．

ゆる点での平均曲率はつねにこの方法で計算できる．円筒の側面では，最大曲率は，どの点でも $\rho_{max} = 1/R$ であり，ここで，R は円筒の半径，そして最小曲率は $\rho_{min} = 0$ となる．こうして，円筒の平均曲率は $\bar{\rho} = 1/2R$ となり泡の内部の余分な圧力は，

$$\Delta P_{円筒} = \frac{\sigma'}{R}$$

となる．

ゆえに，円筒泡での内外圧力差は半径の 2 倍の球状泡のものと同じになる．

そのおかげで，円筒状の泡の球面の帽子の半径は円筒自身の半径より2倍になる．こうして，帽子は球の一部であり，半球ではなくなる．

もし，泡のなかの余分な圧力を，帽子部分に穴をあけて，取り除いたらどうなるだろうか？ すぐに思いつく解答は，内部に圧力分布がないのだから，表面は曲率をもたないということになるかもしれない．しかし，驚くことに壁は内側に曲がり，**懸垂面（カテノイド）**（ラテン語の "鎖" catena に由来）の形をとる．この形はいわゆる**懸垂線**をその X 軸[g]のまわりに回転して作成できる．ではここで何があったのだろうか？

図3.5の表面を精査してみよう．その最もくびれた腰は**鞍（サドル）**ともよばれ，たどる方向によって，凹面でもあり凸面でもある．その回転軸に垂直な断面は明らかに円周になる．一方，軸に沿っての断面は，定義からわかるように，懸垂線を与える．内向きの曲面は泡の内側の圧力を上げるが，反対の曲面は圧力を下げるだろう（凹面の圧力はその外の圧力より高い）．

懸垂面の場合，二つの曲率は同じで，かつ大きさが同じで，方向が反対である．したがって，互いに打ち消し合う．この表面の平均曲率はゼロになり，したがって，そのような泡の内側には，圧力差はない．

懸垂面は唯一の解ではなく，たくさんの他の表面がある．見たところ，すべての可能な方向に "変な" 曲率をもった挙句，平均曲率がゼロのものもある．そして，結論として，それらは圧力差を何も生じない．表面を作るため，石けん水にワイヤーで作った輪を突っ込むだけで十分である．その輪を引き上げると，ゼロ曲率の種々の面を見ることができるだろう．しかし，懸垂線の回転面[h]はゼロ曲率での唯一の解である（もちろん平面はさておき）．与えられた閉曲線に決

---

[g]懸垂線は両端をもってぶら下げられた完全に一様で柔らかい鎖で形成される曲線．曲線の形は（相似変換 $a \to \alpha a$ により）次の方程式で与えられる．

$$y = \frac{a}{2}(e^{x/a} + e^{-x/a})$$

[h]曲線をある軸を中心に回転することによってできる表面．

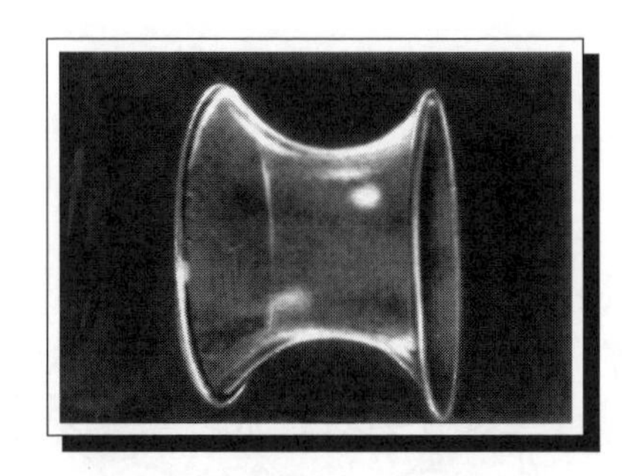

図 3.5　石けん薄膜は懸垂面を作る．この表面の平均曲率はゼロである．

められたゼロ曲率の表面は，数学の特別の分野である**微分幾何学**の手法の助けを借りて見つけられるだろう．正確な数学的な定理によると，“ゼロ曲率の表面は同じ境界をもつ表面のなかで最小の面積をもつものである．”—この表現はわれわれにとって，まことに自然で，明白である．

過度の石けんの泡があると泡だらけになる．表向きの無秩序にもかかわらず，泡だらけの石けん膜の刺繍には明白なルールがある．膜はすべて同じ角度で互いに交わる（図 3.6）．事実，例えば，二つの泡が普通の壁でくっついたところを見よ（図 3.7）．泡のなかでの（大気圧に対しての）圧力差は異なるだろう．ラプラスの公式によれば (3.2)，

$$\Delta P_1 = \frac{2\sigma'}{R_1}, \qquad \Delta P_2 = \frac{2\sigma'}{R_2}$$

となる．したがって，二つの泡の共有する壁は，二つの泡の圧力を補償するように曲げられる．曲率の半径は，ゆえに，

$$\frac{2\sigma'}{R_3} = \frac{2\sigma'}{R_2} - \frac{2\sigma'}{R_1}$$

の表現で決められる．右辺をまとめて，

$$R_3 = \frac{R_1 R_2}{R_1 - R_2}$$

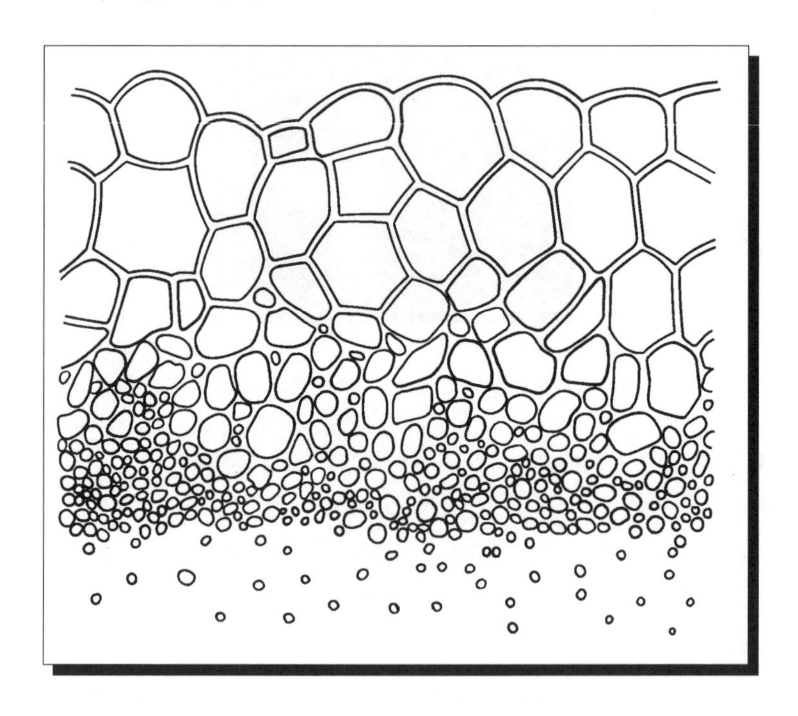

図 3.6　たくさんの石けんの泡同士の交差点は同じ角度（基本的には 120°）で交差する．

となる．再び，図 3.7 に二つの泡の中心を通るような断面を示す．点 A と B は，二つの泡が触る周の面の交差するところとする．この周上でのどの点でも，三つの薄膜が出会う．それらの表面張力が同じである限り，表面同士の交わる角度が同じときに限って，張力はそれぞれ均衡している．したがって，それぞれの角度は，120° になる．

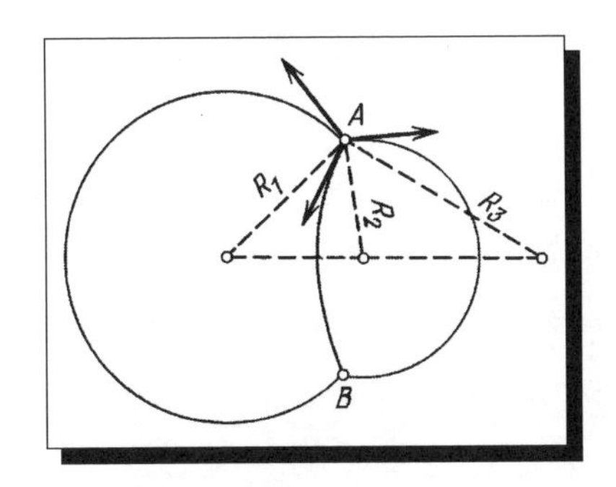

図 3.7　触っている石けんの泡同士の接線の互いの角度は 120° になる．(訳注：この絵は断面図である．この図の破線，矢印，弧はすべて同じ平面上，すなわち断面図上にある．)

3.2　種々の液滴

液滴の形．ここでは物事はもう少し複雑である．いま，いつも通り表面を小さくしようとしている表面張力が，別の力を受けている．例えば，与えられた体積に対して最小表面をもつのは球であるにもかかわらず，液滴のほとんどは球状になっていない．平らな安定したところに座っているとき，液滴は押しつぶされている．自由落下の際には，むしろもっと複雑である．宇宙で重力がないときに限り，液滴は完全な球を作ると見なすことができる．

ベルギーの科学者，プラトー[i]は 19 世紀中ごろ，液体の表面張力を調べているとき，重力の影響を排除する手法を見いだすことに成功した．たしかに，当時，研究者は無重力の夢すらもたなかった．そこでプラトーはアルキメデスの浮力で重力を相殺する提案をした．かれは対象になっている油（液体）と正確に同じ密度の溶液に入れたとき，彼の伝記作家の言葉を借りれば，油滴が球形

[i]プラトー（Joseph Antoine Ferdinand Plateau, 1801–1883)，ベルギーの物理学者．生理光学，分子物理，表面張力の分野で活躍．プラトーは最初にストロボスコープのアイデアを進めた．

になったことを見て驚愕した．彼は彼の黄金律，“驚くべきときに驚く” ということを適用し，その後，実験し，この特異な現象を長い間観察した．

彼は彼の方法が引き起こす効果を他の研究に応用した．例えば，彼は管の端から液滴ができていく過程を注意深く調べた．

通常，どんなにゆっくり液滴が作られても，管の先端から離れていく様子を人間の目で仔細を追うのは不可能である．そこでプラトーは液滴をそれよりほんのわずか密度の低い液体中に，管の先から落とした．こうすることによって，重力の影響は十分減らされて，その結果，実に大きな液滴が作成され，管の端から離れていく過程が明瞭に観察できた．

図 3.8 を見ると，液滴が形成され，離れていく様子を観察できる（もちろん，これらの写真は最近の高速度撮影技術を用いた）．次に，このとき観測された経過の説明を試みよう．成長時には，液滴はそれぞれの時刻で平衡状態にある．与えられた体積で，液滴の形は表面エネルギー，ポテンシャルエネルギーの和の最小の条件で，決められていく．後者はもちろん，重力の結果である．表面張力は表面を球にしようとする．一方重力は重心を最も低くしようとする．この二つのつり合いから，上下に伸ばした形になる（第一のショット）．

液滴が成長するにつれ，重力がさらに目立ってくる．それで，ほとんどの質量は液滴の下の部分に集中し，液滴は特有の首を作り始める（図 3.8）．表面張力は首の接面に垂直に向いているので，その上方成分と，液滴の重力はしばらく均衡する．それほど長くない時間ののち，しかし，あるとき，液滴のサイズがわずかに増大することで重力が表面張力に勝ち，この均衡は失われる．液滴の首は速く細くなって（第三のショット），最終的には離れる（第四のショット）．この最後の場面で，新たな小さな液滴が首にでき，大きな “母” の液滴を追いかける．この第二の（プラトーのビーズとよばれる）液滴はつねに生じ，しかし，すごく速いので，通常われわれは気づかない．

プラトーのビーズの形成については，たいへん複雑な物理現象なので，その

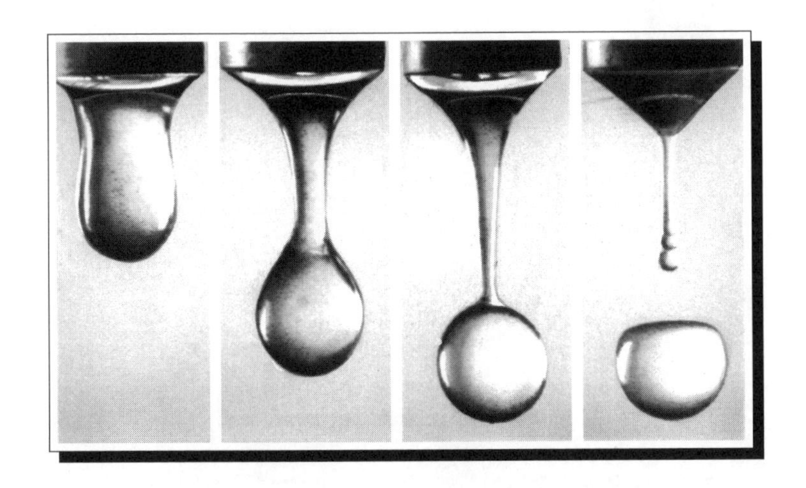

図 3.8　液滴が管から離れるときの高速度写真.

仔細には入らない．その代わり，最初の液滴が自由落下のときに観測される形の説明に入ろう．落下液滴の瞬間写真は，第二の液滴はほとんど球状だということを明らかにしている．一方，大きな第一の液滴はロールパンのようにむしろ平らだ．液滴が球の形状を失いはじめるときの半径を見積もってみよう．

（一定速度で）一様に液滴が動いているとき，液滴の細い中心の円筒 AB に働く重力は（図 3.9），表面張力と均衡しなければならない．そして，これは自動的に A と B での液滴の曲率半径が異なることを意味する．実際，表面張力はラプラス公式，$\Delta P_L = \sigma' / R$ で定義される付加圧力を生じ，もし点 A での液滴の表面の曲率半径が，点 B より大きなとき，ラプラス圧力の差が液体の静水圧の差となる．

$$\rho g h = \frac{\sigma'}{R_A} - \frac{\sigma'}{R_B}.$$

前の関係を満たすには，どれだけ R_A と R_B が異なればよいか調べてみよう．$1\,\mu\mathrm{m}$ ($10^{-6}\,\mathrm{m}$) 程度の小さな液滴では，$\rho g h \approx 2\cdot 10^{-2}\,\mathrm{Pa}$ となり，一方 $\Delta P_L = \sigma' / R \approx 1.6\cdot 10^{5}\,\mathrm{Pa}$ になる！ ゆえに，この場合，静水圧はラプラスの公式値に

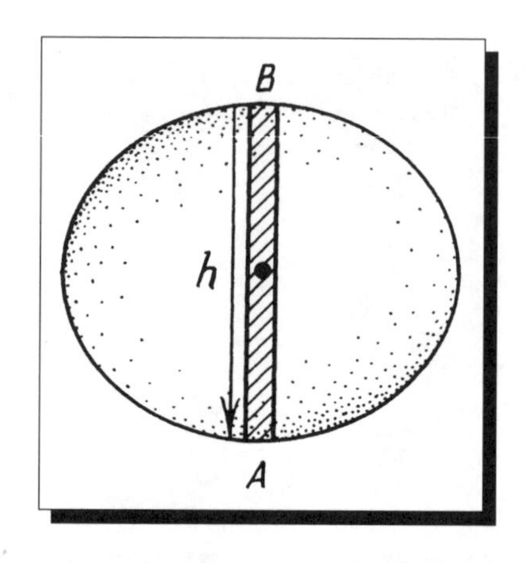

図 3.9　静水圧の違いのおかげで，A と B では曲率が異なる．

比べてすごく小さいので，無視してよい．その結果，液滴は理想的な球に近くなる．

しかし，例えば半径 4 mm のような大きな液滴ではまったく異なった話になる．このとき，静水圧は $\rho g h \approx 40\,\mathrm{Pa}$ になるが，ラプラスの公式では $\Delta P_L = 78\,\mathrm{Pa}$ となる．これらは同じ程度の大きさの値だ．したがって，そのような液滴での完全球からのずれははっきりしてくる．$R_B = R_A + \delta R$ と $R_A + R_B = h = 4\,\mathrm{mm}$ を仮定すると，$\delta R \sim h\left[\sqrt{(\Delta P_L/\rho g h)^2 + 1} - \Delta P_L/\rho g h\right] \approx 1\,mm$ を得，点 A，点 B での曲率半径の違いは液滴のサイズと同程度の大きさになる．

前の計算はどちらの液滴が球から十分にずれるかを示した．しかし，予言された非対称は実験で観測されたものと正反対だということがわかる（事実，図 3.10 での，本当の液滴は底が平らなのだ!）．いったいどうしたことだろう？ さて，われわれは気圧が液滴の上でも下でも同じと仮定した．これは，ゆっくり動いている液滴にはたしかに正しい．しかし，液滴の速度が十分速いと，まわりの空気が周囲を滑らかに流れる時間がなくなる．液滴の前に圧力のかかった領域が現れ，液滴のすぐ背後（に乱流の渦ができて背後）が低圧になる．前後の圧

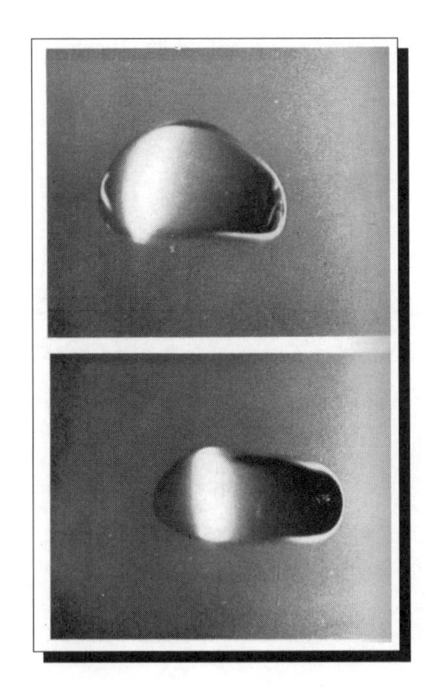

図 **3.10**　落下液滴が空気抵抗で底から平らになっている様子.

力差が静水圧を実際に超えうる．そして，ラプラス圧力はこの圧力差を補償するに違いない．そのような状況のとき，$\sigma'/R_A - \sigma'/R_B$ は負になる．その意味は，R_A が R_B より大きくなるということだ．これが（われわれを最終的に満足させるものだが），実験の写真で見たものだ．

最後に．非常に大きな液滴について短いクイズを出してみよう．“液滴の中に大液滴を見たことがないのはなぜか？” そんなにたくさんとはいわないが．大きな液滴は通常では生き残れないのだ．最もあり得そうな理由は，大きな半径の液滴は不安定で，瞬時にたくさんの小さなものになって飛び散るからだ．疎水性の表面の液滴の長寿を保証するのは表面張力だ．しかし，静水圧がラプラシアンを超えたら，液滴は表面に広がり，小さなものに分解する．われわれは，

$\rho g h \gg \sigma'/R_A$ という関係式をまだ安定な液滴の半径の見積もり計算に使える．ここで，$h \sim R$ である．これから，

$$R_{max} \sim \sqrt{\frac{\sigma'}{\rho g}}$$

を得る．

水に対しては，例えば，$R_{max} \approx 0.3\,\mathrm{cm}$（もちろん，これは液滴の最大サイズ例えば 1 cm, 1 mm, 0.1 mm のどの程度になるかという見積もりである）が限界だ．このために巨大な液滴が木やその他の濡れた表面から落ちてくるのを見たことがないのだ．

4章　魔法のランプの不思議

... “対称絵 (Simmetriads)” は突如現れる．彼らの誕生は爆発のようだ．突如，何十キロメートル四方がガラスで敷き詰められたように，大海原が燦然ときらめく．少し後，ガラスの覆いは跳ねとび，怪物のごとき泡の姿で，外に飛び出す．そこでは歪められ，屈折され，すべての天空，太陽，雲，水平線を反射した像が ··· 現れる．

—スタニスワフ・レム (Stanisław Lem)
“ソラリスの陽のもとに”

カバーに示した一連の写真は，惑星ソラリスから撮られたものでも木星大気の秘められた奈落にはまった宇宙船から撮られたものでもない．あえて海底火山の爆発に近づこうとした深海潜水艇バチスカーフの窓からも撮られていない．近くに行ってすらいない．それらは，動作中のラバ・ランプ (Lava-lamp) の写真にすぎない．ラバ・ランプはおもちゃ屋や大きなデパート店[a] でも簡単に見つけることができて，きっと体験もさせてくれることだろう．そして，この見かけの簡単な道具が，いかにたくさんの美しくも繊細な物理を隠していることか．

この手提げランプのデザインはさほど複雑ではない．それは透明な壁の円筒でできており，そのガラスの底には普通の電球がついている．下部のガラスは多色の色フィルターで覆われている．そして，金属のコイルが底の周囲に図 4.1

[a]50 ドルはするかもしれない．終焉して久しいソビエト連邦では同じような小道具があって，その 10 分の 1 くらいの値段のものがあった．それは，研究をどこで行うかで研究コストが異なるという一つの例である．—*D. Z.*

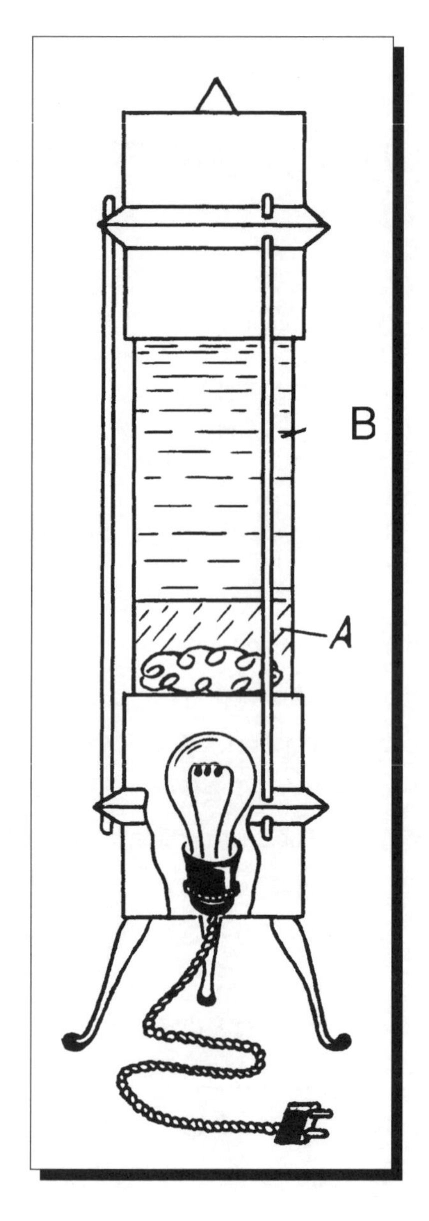

図 **4.1**　ラバ・ランプの構造.

のように巻かれている．円筒の6分の1は，ワックスのような物質（それをこれから**物質 $\mathcal{A}$** とよぶ）で満たされていて，残りは透明な液体（例えば，**液体 $\mathcal{B}$**）で満たされている．これらの物質を，そしてそれらの特性を選ぶ特別な基準はもう少し後で，ランプ中の物理的過程を細かく調べるときに議論する．

ラバ・ランプを唯一の光源として，暗いところに置くほうがラバ・ランプを観察しやすい．では，それを点灯して様子を見よう．見ていくとわかるように，ランプの内側で起きている事象はいくつかの段階に分かれる．第一のものを **"強さを蓄えつつある休止相"** とよぼう．

物質 $\mathcal{A}$ はアモルファスで，したがって，厳密には秩序だった内部構造[b]をもたない．温度が上昇すると，それはどんどん展性をもち，柔らかくなり，徐々に液体になる．このとき，結晶とアモルファス物質の主たる違いを思い出そう．結晶では，固体から液体への転移（普通の意味で融解）がある決まった温度で起こり，そのときはかなりの量のエネルギー，すなわち結晶構造を壊すような**融解熱**を必要とする．一方，アモルファス物質の固体と液体は決定的な違いはない．温度が上昇していくとき，アモルファス物質は単に柔らかくなって液体らしくなるだけだ．

ランタンの電灯をつけたとき，円筒を下から赤–緑発光する色フィルターを通して照らす役割に加えてヒーターの役割もする．底の床には，電灯の近くで，結果的に "ホットスポット"（わずかに温度の高い場所）が発達する．熱い場所での物質 $\mathcal{A}$ は柔らかくなり，$\mathcal{A}$ の皮の上部も液体 $\mathcal{B}$ もどちらも暖まるだけの十分な時間がなく比較的低温に留まる．同時に，熱膨張のおかげで，低い方の部分は今度は液体になり，結局，$\mathcal{A}$ は最後には皮を壊し，泡を上に突き上げる．それは，あたかも小さな活火山が生まれたようだ．"静止と集積" の静止相は終わり，"火山活動" の新しい段階が始まる（カバーの一番上の右の写真を見よ）．

$\mathcal{A}$ と $\mathcal{B}$ の物質は，次のように選ばれる．割れ目から盛り上がってきて，暖め

[b]後述，13章では，われわれは結晶とアモルファスの狭間に暮らしていることがわかる．

られた $\mathcal{A}$ の密度は，まだ冷たい $\mathcal{B}$ の密度より少し小さく，それが原因で $\mathcal{A}$ の新しい部分が割れ目から離れて上の表面につぎつぎと盛り上がってくる[c]．上昇中は，これらの部分の冷却がはじまる．上の表面にたどり着くと固体になる．そのときいろいろな奇妙な形をとる．そして，それらの破片の密度は $\mathcal{B}$ の密度より高くなり，もとの値に戻り，やがてゆっくり沈みだす．それらのうちいくつか，通常は小さな破片は，表面近くに長い間浮いたままである．それで，これらの逆に動くようなふるまいの理由はわれわれの古い知り合いである，表面張力にある．実際は，$\mathcal{B}$ は固体 $\mathcal{A}$ と濡れない関係にあるようなものを選ぶ．こうして $\mathcal{A}$ はその破片に働く表面張力のおかげで上に押し上げられ，液体から押し出される．それは，例えば，アメンボが自由に水面に留まることができたり，油まみれの針が沈まない理由も，われわれがすでに知っている，表面張力のおかげだ．

そうこうしている間，円筒の下部の，皮の下での余分な圧力は減少する．割れの端は融けだし，$\mathcal{A}$ の新しく融けた部分が少しずつ火口から流れ出る．しかし，いまは，それらは泡のようにばらばらにならない．その代り，ゆっくりと伸びて細い流れになって上にあがっていく．この流れの外側の表面は冷たい $\mathcal{B}$ と接触し，急激に冷えて固くなり，幹のようなものを作る．そして，もしこの幹を通してみようとすると，もっと驚くことがある．幹の真ん中は中空の管状になっていて，そこは液体 $\mathcal{B}$ で満たされている．説明するとこのようになる．融けた $\mathcal{A}$ が火口を残し上昇する．しかし，あるところまでいくとこの幹の成長を続けさせる物質が足りなくなる．そして，幹の内部の圧力が減少し，幹と火口の間のどこかに割れが生じ，冷たい液体 $\mathcal{B}$ がその割れ目に入り込んだというわけだ．$\mathcal{A}$ の管の最上部は，その間上昇を続け，液体 $\mathcal{B}$ がその内部を満たした

---

[c]アニリンの液体で，最初は長いガラスの円筒の底に落ち着いていて，徐々に暖めていったとき，およそ 70° C になるとアニリンの密度が水より小さくなり，突如アニリンが上の表面に上がってくるという有名な実験に似ている．

り，冷やしたりしながら壁の内側を形成していく．最後には内側も固化する．

火山性の植物のツタが上部表面への道を作っていくに従い，ランタンの底では溶融が続いて，次の“熱い”液体 $\mathcal{A}$ が火口を離れていく．液体は上昇するが，いまできたばかりの管の中を上昇する．そしてこのトンネルの上部に来たとき，ボールは依然十分に暖かいので管をさらに延ばすことになる．よって，この植物は一つ一つブロックを積み上げるように成長を続ける（カバー裏袖の上から二つ目の写真を見よ）．まもなく，前に起こった“火山活動”のかけらを押し出しながら，別の幹が最初の幹の近くから突きでてくる．これらの深遠な水面下の植物は上表面からひっきりなしに落ちてくる岩の間を縫って成長するジャングルの新緑のように，旋回し，絡み合う．写真の状態はしばらく停止する．この時期の状態を“岩だらけの森の相”とよぼう．

この時点で，ランタンを消すと，石化したような茂みが“永久に”残る．ランプはもとの形に戻らず，明らかに二相分離状態[d]になる．驚くべきことに，述べてきたような刻々と変化する事象のあとでも，魔法のランプの動作の全体像を把握しきっていない．さらに，観察を続けよう．

しばらく，液体 $\mathcal{B}$ はまだ昇温を続ける．そして，底に休んでいる巨石は再び融けだし，ツタで絡み合った素晴らしい植物はしおれてくる．ここでおもしろい事実に気づく．すなわち，そこでの液化した岩からできた多数の液滴を見ると，押し込められたような形跡はない．それらの液滴はよい球形になっている．通常の条件下では，疎水性表面で水滴を押し込める力は水滴の重量だ．それは表面張力と均衡しており，表面張力は，与えられた体積で，表面積を最小にするので，水滴を理想的に丸くする．ラバ・ランプの容器の中では，重力と表面張力に加えて，浮力が液滴に働いていて，$\mathcal{A}$ と $\mathcal{B}$ の比重が近いので，重力もほとんど同じになる．それで，すべてが丸くなりやすくなり，液滴はほとんど無重力状態のようになる（この話題は 3 章ですでに取り上げた）．

---

[d]もう一度スイッチを入れない限り．

一つの液滴に対しては，無重力状態では，理想的な球形が最もエネルギー的に望ましい．また，二つやそれ以上の液滴では，お互いに触ってしまうので，論理的にも，多数の液滴は融合して一つになった方がエネルギー的に得になる．理由は簡単で，一つの大きな球の面積は，同じ質量で小さなばらばらのときの表面積の和より小さいからである（とても簡単なので，読者はこの定理を自身で検証してみるとよい）．しかし，ラバ・ランプを見てみよ．最も球に近い $\mathcal{A}$ の液滴たちは実際にくっつかないでうろうろしている傾向にあることに気づくだろう．濡れない表面で水銀や水の液滴がさっと互いに結合することを思い出すと，これはたいへん衝撃的なことだ．何が二つの液滴が結合する時間を決めているのだろうか？

おもしろいことだが，これはいろいろな分野の研究者，技術者から長年注目されてきた問題である．単純に科学的な好奇心のみからでなく，実用的な分野での物理過程の理解のために決定的に重要である．例えば，紛体冶金学で，最初の金属を顆粒状に紛体化し，加圧して，いっしょに焼いて，目的の物性をもった合金を作るときなど．1944年にさかのぼるが，ロシアの物理学者フレンケル[e]は合体過程の簡単でたいへん有用なモデルを，彼の先駆的な仕事で提唱した．これは，現代の冶金技術の重要な分野で理論的な基礎を確立するうえで，基本的なものになった．そしていま，われわれは魔法のラバ・ランプ中の二つの液体が，合体する時間を見積もるために，ここで彼の仕事のアイデアの根底にあるものを使おう．

二つの同等な液滴が互いに触れはじめるほど近接したときを考える．接触点では地峡が発達する（図4.2）．この地峡は二つの液滴が合体するに従い，連続的に大きくなる．相互作用の時間を見積もるために（簡単で最も近道のため），

[e]フレンケル（Yakov I. Frenkel, 1894–1952），固体物理，液体物理，原子核物理などの専門家．1936年にフレンケルはニールス・ボーアと独立に原子核の**液滴モデル**を提唱した．この文脈では，合体する液滴は原子核生成の問題と直接の関係がある．

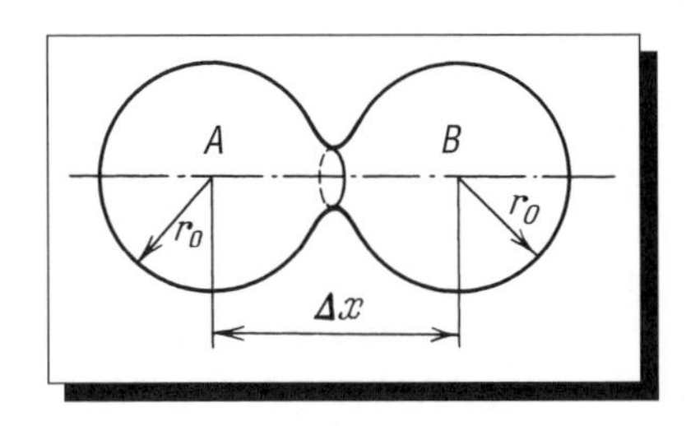

図 4.2　合体の初期段階.

エネルギーの議論を行う．二つの液滴の系が使える全エネルギーは初期状態と最終状態の表面エネルギーの差 ΔE_s からくる．それは二つの分離した半径 r_0 の液滴の表面エネルギーの和と，大きく "合体して" 半径 r の液滴になったときの表面エネルギーの差

$$\Delta E_s = 8\pi\,\sigma\,r_0^2 - 4\pi\,\sigma\,r^2$$

で与えられる．合体した後も，液滴の全体の体積は変わらないので，等式: $\frac{4\pi}{3}r^3 = 2\cdot\frac{4\pi}{3}r_0^3$ と書くことができ，$r = r_0\,\sqrt[3]{2}$ がわかる．それで，表面エネルギーの差は，

$$\Delta E_s = 4\pi\,\sigma\,(2 - 2^{\frac{2}{3}})\,r_0^2 \tag{4.1}$$

となる．

フレンケルのアイデアによれば，この付加的なエネルギーは液体の摩擦に抗する仕事に使われる．摩擦とは合体時に液滴の物質や周辺の物質の再分布のときに現れるものである．この仕事の大きさの程度を見積もることができる．液体の摩擦力を見つけるために，ストークス[f]の公式を，半径が R の球体が速度 $\vec{v}$ で粘性 η の液体の中を動いている場合に適用すると $\vec{F} = -6\pi\,\eta\,R\vec{v}$ となる．液

[f]ジョージ・ガブリエル・ストークス（George Gabriel Stokes, 1819–1903），著名な英国の物理学者，数学者．定理と公式で有名．記念してともに彼の名前を冠している．

滴物質の粘性は周囲の液体 $\mathcal{B}$ に比べて著しく高く，ストークスの表現では，η_A だけが粘性係数[g]として残ることになる．R としては，r_0 を用いることができる．それで，それらが合体するとき，同じ量が相互の変位の大きさを特徴づけることに気がつけば，$\Delta x \sim r_0$ であることがわかる．よって，最終的に，液体の摩擦のする仕事を，

$$\Delta A \sim 6\pi\,\eta_A\,r_0^2\,v$$

のように書くことができる．この表現から，液滴が速くなればなるほど，液滴は大きなエネルギーが必要になる（液体の摩擦力は速度とともに増加する）．しかし，得られるエネルギー源は，式 (4.1) で与えられる ΔE_s に限られる．これから，これらの二つの関係は，合体に必要な時間 τ_F（**フレンケル**時間とよばれる）を与える．$v \sim r_0\,/\,\tau_F$ を過程の時間と仮定したら，

$$\Delta A \sim \frac{6\pi\,\eta_A\,r_0^3}{\tau_F} \sim 4\pi\,\sigma\,(2-2^{\frac{2}{3}})\,r_0^2$$

が見つかり，結局，

$$\tau_F \sim \frac{r_0\,\eta_A}{\sigma} \tag{4.2}$$

となる．

$r_0 \sim 1\,\mathrm{cm}$，$\sigma \sim 0.1\,\mathrm{N/m}$，$\eta \sim 10^{-3}\,\mathrm{kg/(m{\cdot}s)}$ のサイズの液滴では，この時間が消滅時間で $\sim 10^{-4}\,\mathrm{s}$ となる．しかし，例えば粘性のあるようなグリセリン（$\sigma_{gl} \sim 0.01\,\mathrm{N/m}$，$\eta_{gl} \sim 1\,\mathrm{kg/(m{\cdot}s)}$，$20^\circ\,\mathrm{C}$ で）では，対応する時間は $\sim 1\,\mathrm{s}$ となる．これは，別の液体では，粘性と表面張力に応じ，τ_F は広い範囲で変わり得る．

[g] ストークスの表現は球体が粘性液体中を移動するような異なる状況から導かれた．しかし，二つの合体する液滴では，液の摩擦力は粘性，液滴サイズ，この過程の速度にのみ依存することは明らかだ．こうして，次元解析から，ストークスの公式は，たった三つの物理的性質の組み合せであることがわかる（そしてわれわれは，大きさの程度だけを見積もったので，正確な比例定数についてはこだわらない）．

いま，たとえ同じ液体でも，粘性が強く温度変化すれば，フレンケル時間は大きく変化し得ることを，強調しておくことは意味あることだろう．グリセリンに戻ると，例えば，20° C から 30° C に上昇するだけで，粘性は 2.5 倍になる．一方，表面張力係数は，ほとんど温度変化しない．—考えている温度域では，σ_{gl} の変化は 2%未満だ．このことから，フレンケル時間は純粋に粘性の温度依存性で決められる，と安心していうことができる．

見積もったフレンケルの合体時間の間，ランプの底に静かにいる $\mathcal{A}$ のボールをもう一度見てみよう．液体 $\mathcal{B}$ が冷たい間は，$\mathcal{A}$ の粘性の方が高いだろうから，ボールの合体は進まないだろう．この理由から触った二つのボールは室温で一つにならない．しかし，十分温めれば，ワックスの粘性は落ち，迅速に合体する．この過程でもう一つ重要なことは，ボールの表面状態であり，もし粗かったり，汚れていたら，合体の最初の橋ができにくい．

液滴 $\mathcal{A}$ の合体はラバ・ランプの仕事サイクルを左右する．これは，たくさんの液滴から融けた一つの物体に $\mathcal{A}$ を再分布しやすくするための，特別な手段が存在することを意味している．ラバ・ランプの底の周に沿った金属のコイルがある．このコイルが暖められ，液滴が接近してきて接触すると，液滴は必要な熱を受け取り，粘性が下がる．こうしながら，暖まって，液化した $\mathcal{A}$ の中心体に合体していく．まもなく，液滴は母体に溶け込んで，液滴は消えていき，合体した $\mathcal{A}$ の相はラバ・ランプの底に留まっている．そして，それは継続して暖められるので，$\mathcal{A}$ の液体はもはや底に留まっていられなくなる．ラバ・ランプの新しい段階が始まる．それを "前擾乱" 相とよぼう．

$\mathcal{A}$ の表面層にできるそのような "前擾乱" 相は床を離れ，ゆっくり $\mathcal{B}$ の上の表面まで上がっていく．引っ張り上げるのはもちろん，浮力である．そして上がりながらゆっくり球状になっていく（カバーの中央の写真を見よ）．$\mathcal{B}$ の上層に達すると，そこでは（$\mathcal{B}$ の熱伝導の悪さから $\mathcal{B}$ がまだ冷たいので）"前擾乱" 相は少し冷却され，しかし，このときは液体に留まる．ついで，少し溺れたように$\mathcal{A}$の少し盛り上がった表面に着地する．それらの比較的高い粘性から，$\mathcal{A}$媒体に潜り込むのは難しい．それらは表面で跳ねたり，縁部を漂ったりするので金属コイルは“外科手術の切開のように”表面を見せる．こうして彼らは命を終えて，サイクルの開始点に戻る．

円筒の底の電球は系を暖め続け，新しい前擾乱を作る．温度が連続的に上昇するに従い，彼らの誕生率は同時に上昇する．$\mathcal{A}$の表面から離脱したとき，前擾乱は背後に小さな液滴[h]を残す．それは空間に複雑なものを凍結させるようなものだ．すなわち，小さな液滴はその親元を追いかけていって親と合体してしまうのか，あるいは媒体の中でじっとしているのか迷っているような状態になる．まもなく，1ダースもの孤児が円筒内に漂う．そのうちの一部は上昇し，内気なものは沈んで戻る（カバー裏袖の下から二つ目の写真を見よ）．“衝突と静寂”相の新しい段階が始まる．そして，これがラバ・ランプの活動のなかで最も長く，かつ印象的な相であることがわかる．

小球たちは衝突したり，あちこちに向きを変えたりするが，この過程では合体を避けようとする．小球たちがぶつかり合っているだけが，（数段落前に述べたことと同じ理由から）エネルギー的に有利なように見える．しかし，再度，彼らは時間の問題にかかわることになる．衝突の継続時間tは，液滴を特徴づける唯一の量だが，もし，τ_Fがtよりずっと長かったら，液滴が合体するのに十分な時間がないので，衝突を続け，単純に跳ね返る．衝突時間を見積もってみよう．ランプ内のほとんどの衝突は図4.3のように斜め衝突である．この間，柔らかい液体のボールは少し変形したり互いに滑り合ったりする．このような出会いの特徴的な時間は，$t \sim r_0 / v$であろう．$\mathcal{B}$の中を流れるボールの速度vは数cm/s，ボールの半径は2cm程度である．計算の結果，$t \sim 1\,\mathrm{s}$になるが，その程度では，合体するには時間が短すぎ，ランプの円筒にくっつかず，さまよい続けるほかない．底を漂いつつあるとき，小球たちはたくさんの$\mathcal{B}$の中を

[h]これらは10章で述べたプラトー球と同じである．

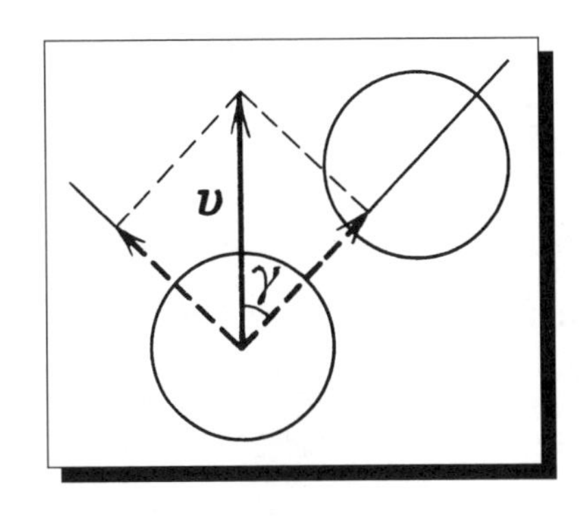

図 4.3 ランプの中での $\mathcal{A}$ のボール同士の衝突のほとんどは斜めの接触.

漂い，互いにぶつかり合うが，合体しない.

この "衝突と静寂" の相は何時間も続きうる．通常の取り扱い説明書では，5~7 時間動かしたら，スイッチを切ることを推奨している．しかし，ある状況下では，室温が十分に高いとき，既述したような衝突段階が最後の段階にはならない（例えば，夏の夜のうだるようなオースティン（アメリカ・テキサス州の地名）やツーソン（同・アリゾナ州の地名）の雑踏でのマジックの小道具に驚くことがあるだろう）．最後に，円筒の上下に沿った定常的な温度分布が確立した後(すべての液体 $\mathcal{B}$ が暖められた後)，$\mathcal{A}$ と $\mathcal{B}$ の密度が実質的に同じになり，すべての $\mathcal{A}$ が巨大な一つのボールになってしまう．最初は大きなものが底部にぶら下がり，円筒の壁に何度も衝突する．次に，"冷たい壁" に触れ，少し冷え，少し密度が上昇し，最後に床に沈み込む．床に触れた後，ボールはさらに熱を受け取り，密度が減少する．それでボールは元の位置に戻り，再び冷えるまではそこに留まる．そして，全面的にサイクルは始まる．この相は，ラバ・ランプの取り扱い説明書には書かれていないが，"スーパーボールの時間" と名づけることにする（カバーの一番下の右の写真を見よ）.

いままで，いろいろな過程での機構を理解しつつ，ラバ・ランプにおける多くの段階を見てきた．最後に，これらの現象を一般的手法でまとめておく．最初の疑問は，どうしてこれらが次から次へと，ときどきくり返しながらも，誕生，生，死という感じで起こるのか？以前のわれわれの話のすべてを振り返れば過程の背景での原動力はランタンでの上下の温度差だということは明らかだ（熱力学的な言葉では，**熱源**（**熱の発生口**）と**熱シンク**（**熱の吸い込み口**））．もし，$\mathcal{B}$ だけで熱束が系を伝搬すると仮定するなら，$\mathcal{B}$ の温度は高さに沿ってゆっくり変わるだけだろう．それだけだと目を楽しませてくれるようなことは起こらないだろう．球の誕生は，一方では，通常の対流とともに，境界に沿った温度の変化による熱流が起こるような系にときどき起こる不安定性の帰結なのだ．このふるまいやこれらの系の性質の研究はむしろ新しい問題で，物理の中で爆発的に発達してきている分野で，**シナジェティクス**（**Synergetics**）とよばれている．

5章　水マイク
―電話の父・ベルのもう一つの発明

マイク（マイクロフォン）とはどんなものか，テレビでおなじみだから，誰もが知っている．すてきなピンに見えるものがニュースキャスターの襟元についていたり，懐かしいタイプでは取っ手にボール状のものをつけて人々の顔の前に突き出されていることもあり，そんな形で物語に熱っぽい期待をさせることもある．ラジオのインタビュアーは，ときおり，ゲストにもっとマイクに近づいてほしいとお願いする．そのおかげで，われわれはマイクの存在に気づく．音響効果がどんなに洗練されても，奇妙に加工されているにしても，最終的には何らかのマイクに取り込まれることになる．手ごろなマイクは電気屋で簡単に買って来て，テープや CD レコーダー，コンピューターや電話で使うことができる．この器具の仕組みのほとんどは，いまの高校の物理の教科書に書いてある．しかし，読者の中で水マイクというものをご存知の人はほとんどいないだろう．驚かないでほしい．水の流れの助けを借りて，異なった音を効率的に増幅させることが，実際にできるのだ．そのような原理を導入したデバイスは，アメリカのエンジニア，ベル[a]が発明した．彼は電話という別の発明で有名であり，われわれは日常生活で電話なしの生活は想像もつかない．

しかし，まずは“水流”増幅器に注目しよう．

---

[a]アレクサンダー・グラハム・ベル（Alexander Graham Bell, 1847–1922），スコットランド生まれのアメリカの発明家．彼の電気機器を用いてのスピーチの最初の実演は 1876 年に行われた．

もし，例えば小さな丸い穴を水槽の底にあけたとき，底から出る流れは性質の異なった二つの部分からなることに気づく．穴の付近では，定常的で安定しており，透明なガラスでできているようにも見える．しかし穴から離れると流れは細くなり，最終的に勢いの弱まる点から，第二の部分になり，そこはむしろ不透明で不安定である．一見しただけでは，それは途切れることのない連続流に見える．その意味では第一の部分と似ているようにも見える．しかし，流れのこの部分では指を濡らさずにさっと通過させることができる．フランスの物理学者サバール[b]は細部にわたる液体の流れの性質を研究し，最も流れが細くなったところから，連続流が分離して，壊れてしずくの連なりになっていくという結論に達した．この発見から，1世紀を経たいまでは，われわれは，その瞬間のしずくの写真を撮ればすぐに証明できる（図 5.1）．しかし，サバールの時代，研究者たちは暗闇の中でしずくを電気的な放電の火花で観測しなければならなかった．

流れの穴から離れた下の部分の瞬間的イメージをみよう（図 5.1）．それは連続的で，交互に大小のしずくから成っている．絵がはっきり示すように，大きな方のしずくは実際は平らになったり，細長い楕円体になったり（図中の液滴 1 と 2），丸いボール（3）になったり，また楕円体に戻ったり（4，5，6），球体にもどったり（7）して振動している．それぞれの液滴は，自由落下中に脈打ち[c]ながら瞬間ごとに異なるイメージをわれわれの目に訴える．こうして，しずくが球体と楕円体の形になって交互に出現しながら流れが細くなってきた流束の下

[b]フェリックス・サバール（Felix Savart, 1791–1841），フランスの物理学者．音響学，電磁気学，光学の分野で活躍した．

[c]水滴の脈の振動数は 2 章 “音を奏でるゴブレット” での液体中の気泡の振動数と同じように，

$$\nu \sim \sigma^{1/2} \rho^{-1/2} r^{-3/2}$$

と見積もることができる．この式に $\sigma = 0.07\,\mathrm{N/m}$，$\rho = 10^3\,\mathrm{kg/m^3}$，$r = 3 \cdot 10^{-3}\,\mathrm{m}$ を代入すると，$\nu \approx 50\,\mathrm{Hz}$ であることがわかる．ここで，普通の映画カメラの “ショット数” は毎秒 24 コマであることを述べておくことは重要であろう．これは人間の目に連続動作と映るようにするには十分なコマ数である．

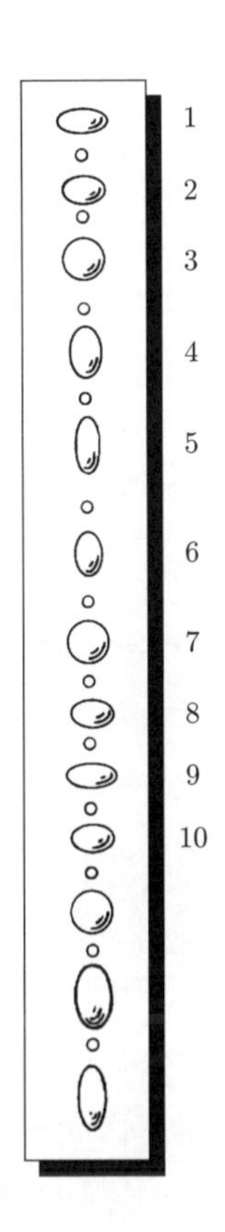

図 5.1　水流がばらばらに割れて，大小の交互の液滴に分解していく連鎖事象．

部では，霧のように感じることになる．

サバールはさらに別のおもしろい発見をしている．噴き出した水の上部の透明な部分に音が与える強い影響である．あるピッチ（振動数のこと）の音が近くで発生した場合，流れの透明な領域はただちに不透明になる．これに関してサバールは次のような説明をした．最終的にばらばらになる液滴は，そもそも出口から噴き出した当初から変化を始めている．最初，液流は丸いくさび状にくびれ，液体が落ちていくにしたがい，それがますます明確になっていく．最後には分離寸前になる．こうして，くびれて切れかかった先端同士は互いに近く，かすかな音を発する．こうして，音楽の音色がこの“自然な”ピッチと調和して，連続的な流れが独立した液滴に分れていき透明な流れが崩れていく．

後に英国の物理学者，チンダル[d]がサバールの実験を彼の実験室で再現した．彼は2m[e]の長さの透明な乱れのない流れを作った．次に，オルガンのパイプから出てくるちょうどよい高さと大きさの音を用いて，彼はこの水の流れを無数の液滴に分解し，霧のように不安定なしずくに変えることに成功した．彼は洗面器に落ち込む水の流れの観測について論文を書いている．洗面器をもち上げて落下水流が透明なうちに洗面器の水面に流れ込ませると，流れは静かに液体に入っていく．しかし落下水流をもっと長くして，流れが不透明区間になってから水面に届くときは音を立てて泡が生成される．前者の場合，激しい泡立ちはどこにも起こらず，むしろ洗面器の底で放射状に広がる流れが逆流になったところに液体が積み重なる．

水の流れに関するこれらの特徴を図5.2のような水マイクを設計するときに，ベルは利用した．水マイクは漏斗（じょうご）のような形をしたパイプが脇に溶接された金属管でできている．金属管の頭部は薄いゴム膜で覆われ，ゴム膜はレースで金属管に固定されている．管の底はしっかりした重い支持台に載せられている．チンダルの実験からすでに明らかなように，水流の下部は洗面器に近づくと，液滴に分解して，バシャバシャと音を立てる．一方，水槽を水の出口に近づけて，流れがいぜん連続的なうちに水槽の水面に流束が流れ込むときは，水流は音を立てることなく流れ込む．水マイクでなくとも，単に厚紙や段ボールの切れ端を水の流れの間に差し込むだけで，似たようなことを実演することができる．厚紙をゆっくりもち上げるにしたがい，打ち付ける液滴が作

[d]ジョン・チンダル（John Tyndall, 1820–1893），英国の物理学者，光学，音響学，磁性の専門家．

[e]訳注：元本では90フィート，約30mとなっていたが，90インチ，約2mの間違いであろう．

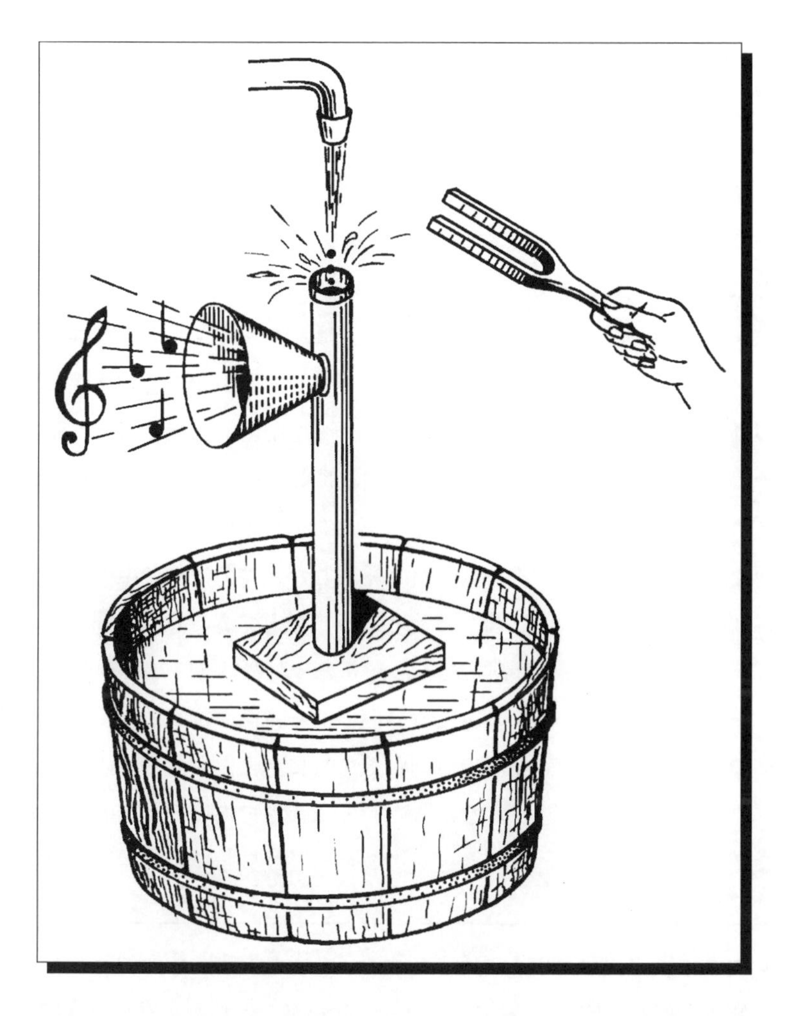

図 5.2　ベルによる水マイクは落下液滴のエネルギーを使って音を増幅する．

るバシャバシャという音は軽くなり，“転移場所”を過ぎると，雑音は消える．

ベルのマイクの薄膜は，上述の例での厚紙とまったく同じ役割を演じている．しかし，共鳴器（共鳴管）とトランペットのような脇管のおかげで，液滴が打ちつける弱い音が増幅されて，ものすごく大きく響きわたる．こうして，ゴムの薄膜をたたく微弱な液滴が鉄床（かなとこ）を金づちでたたくような音を発生させることになる．

この道具を用いれば，水の流れの他の音色に対する感度を，簡単に図解することができる．これについてはサバールやチンダルが記述している．すなわち，もしわれわれが細い水流が出ているホースに，振動している音叉で触るなら(図 5.2)，流れはすぐに液滴に分解し，液滴は耳をつんざくようなコーラスを始めるだろう．落下水流のエネルギーを使ったごく弱い元の音の増幅は，水マイクの物理的な原理となっている．もし，音叉を腕時計に替えると，時計のカチカチという小さな音でさえ，部屋の全員に聞こえるような大音響に増幅されることになる．19 世紀末のある著名な科学者は，水が流れているガラス管に漏斗をつないで，声が伝達するか試みたと発表した．彼の道具の中の水の流れは“話し”始めたに違いないが，声はほえるように激しすぎて意味が聞き分けられなかったという逸話に従えば，見た人は走り去ったということだろうか[f]．このあたりを読んでいると，ベルの主たる発明である電話が電気的な受信機付きのマイクであったことから，発展の方向がそちらに進んだお陰で，水マイクのそのような欠点改善に力が注がれなかったことは天啓であったと著者は奇妙な安堵感を覚える．

Let's try!　3章「泡としずく」に戻って，どうして下流側の液滴が周期的に脈打つのか説明してみよう．小さいものでも振動するのだろうか?

[f] 17 ページの脚注を見よ．

6章　波はどうやって情報を伝達するのか

なんと奇怪な，奇怪至極な:
海が口をききそのことを私に告げたのか;
嵐がそのことを歌って聞かせたのか．はたまた雷が，
オルガンの音を低く恐ろしく響かせて
プロスペローの名を奏でたのか:
あれはたしかに私の罪過を責める低音．

—シェイクスピア，“嵐”［大場建治訳（研究社，*2009*）より］

われわれはテレビ，ラジオ，携帯電話，インターネットに慣れすぎてしまって，世界のどんな片隅からも情報をかくも簡単に受け取れるということに少しも驚かなくなってしまった．しかし，それは（近いところ同士の通信も）昔から簡単だったわけではない．

ロシアの作家のように，われわれはロシアの歴史からひも解いてみよう．1741年にモスクワで行われた女帝エリザベータの戴冠式のメッセージをサンクトペテルブルグに送るために，信号旗を手にした兵士たちが“人間の鎖”としてサンクトペテルブルグからモスクワまで配置された．新しい王冠が女王の頭に載せられたとき，第一の兵士が彼の旗を振り，それを見た隣の第二の兵士が，さらに第三，第四の兵士へと信号をつないでいった．こうして戴冠式のニュースが北ロシアの都まで届いた．そこで祝砲が打たれ，この行事を待ちわびていた群衆に知らされた．

さて，真面目に問い直してみよう．この奇妙な鎖に沿って何が実際に“動いた”のだろうか？ どの兵士も元の位置を移動していないが，ある時刻にある兵士が旗を振り挙げることによって**状態**を変えた．この状態変化こそ鎖に沿って移動したといえる．こういう状況を物理屋は，鎖に沿って**波が進行する**という．

この世には，進行するときどんな物理量が変化するかによって，多種多様な波がある．音波では，波が通過する場所の物質の密度が振動する．一方，（光，ラジオ，テレビのような）電磁波では電場と磁場の強度が振動する．温度波や，化学反応の密度の波，伝染病の波のようなものもある．詩的な言い方をすれば，現代科学に表れる波とはいかなる媒体をも通り抜けるものといえる．

波の最も簡単な形は単色（単一振動数）のもので，簡単な調和則に従って状態が一定の振動数で変化するものである．この振動はサイン則（正弦法則）に従う．この単色の音波とは，われわれが高さの決まった音とか，ピッチとよんでいるものである．そのような音は例えば音叉で作り出せる．単色の光は“かの有名な”レーザーで作り出すことができる．飾り気なく平均な棒を周期的に水に入れたり出したりすると，単色に近いさざ波を作れる．同じような波は，サンクトペテルブルグに至る“人間の鎖”の上にもできる．兵士が旗をただ挙げるだけで，あるいは，右から左へと連続的に周期的に振ると，次の兵士が前の兵士に一定の遅れ，または**位相シフト**とよばれるものをもって同じ動きをすることを想像してみよ．それで波が鎖の上を走り始めるのだ．読者は試合中のスタジアムで，熱狂的な（あるいは単に退屈した）観客が“ウエーブ”と称するものを始めることを見たことがあるだろう．それと同じである．

これらの単色の現象は目に心地よいものである．さて，その現象は情報を伝えるのだろうか？—はっきりいって，ノーである．周期的な運動は何も新しいものを語らないし，何の情報も伝えない．一方，兵士が手を挙げるだけの動作が（モスクワから実に 600 km を優に超えて）サンクトペテルブルグまで重要なニュースをなんとか伝えている．二つの波に何の違いがあるのだろうか？もし，われわれが二つの運動の状況を瞬間写真にとると，第一の場合（単色ウェーブ）では，すべての兵士が運動に関わっているのに対し，第二の場合（旗信号）では彼らのうち一人しか動いていない．言い換えれば，信号が伝達されるとき，波はどんな種類の波であっても，すべての瞬間には空間のどこかに局在している．2人，3人，あるいは近くにいる数人の参加者が彼らの手を同時に挙げることを想像してみよう．そのような場合，運ばれた信号の長さは長くなる．異なった長さの信号を作り出せるなら，一つの事象で，たった一つの信号しか送れないというのではなく，原理的にどのような情報も送ることができる．(例えば，戴冠式が終了したというようなものでも)．例えば有名なモールス信号を考えたらよい（それはずっと後，すなわち1854年に特許登録された）[a]．

大勢の兵隊を動員するより，うまく情報を伝達する他の信号媒体がもちろんある．光，音，電流などだ．おもしろいことに，どんな信号も異なった振動数の単色の波の集まりで表現されることだ．これはいわゆる**重ね合せの原理**とよばれるもので実現している．それは重なって（干渉し合う）波の振動が波の媒体の各点で単純に足算されることを意味する．それゆえ，位相シフト（ずれ方）によっては，振動は互いに強め合ったり弱め合ったりする．例えば同位相の場合には振幅は2倍になって強め合い（図6.1a），逆位相の場合には打ち消し合う（図6.1b）．振幅と振動数の単色の波をたくさん拾い出し（チューニングをとって），それらのたくさんの単色の波をほとんどの場所で打ち消し合わせ，特定の場所だけで強め合わせることもできる（図6.2）．

振動数が ω_0 の周辺で $2\,\Delta\omega$ の振動数の幅で，かつ，ω_0 で最大の振幅 A_0 をもったたくさんの数の波の和を図6.2に示した．それはあたかも波の瞬間写真のようで，時刻を固定したとき，空間の異なった場所で，揺らいでいる物理量Aを示している．そこには振幅 $N\,A_0$ の最大中心点があり，たくさんの2次ピー

[a]驚くべきことに，赤と黄色の二つの旗の位置で文字や図形を表す海軍の手旗信号はもっと後に，すなわち1880年に現れた．

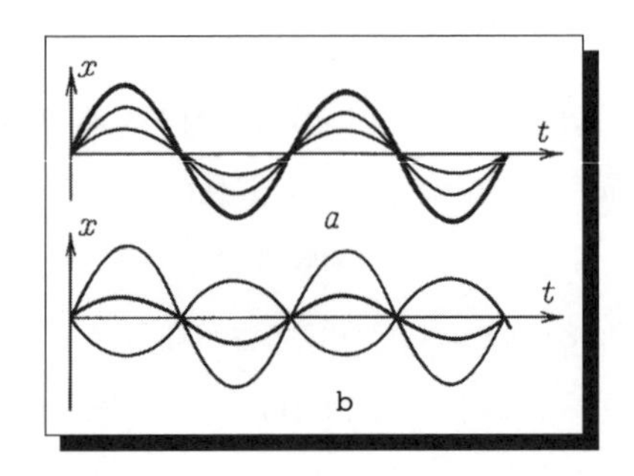

図 6.1　単色の波は同位相か逆位相かによって強め合ったり弱め合ったりできる．太線は細線で示した波の合成波を示す．

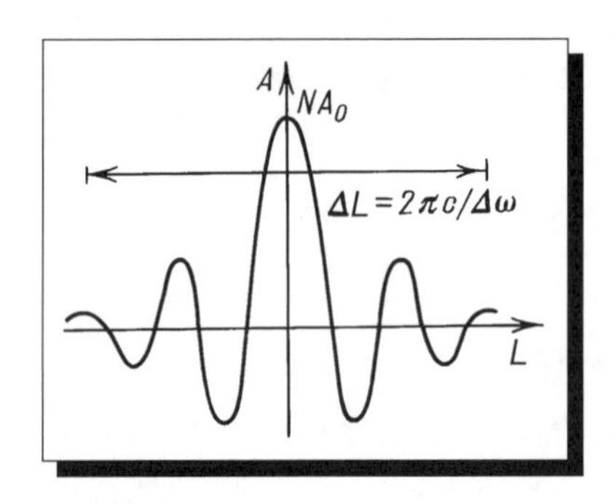

図 6.2　たくさんの単色の波が重ね合わされて短いパルスを形成する．

クがあるが，中心を離れると振幅が急速に減衰する．事実，重なっている波はほとんど打ち消し合い，中心の最大部分の近辺だけでは強め合っている．

中心のピークは留まっておらず，波の進行速度で移動する．もし，単色の波の成分がすべて同じ速度で c（例えば真空中の電磁波のように）動くなら，中心のピークは幅，$\Delta L = 2\pi\, c/\Delta\omega$ も一定のまま同じ速度 c で動く．こうして，伝達される時間の長さは $\Delta t = 2\pi/\Delta\omega$ となる．

これから，単純であるがきわめて基本的な関係:

$$\Delta\omega \cdot \Delta t \sim 2\pi$$

を書くことができる．したがって，信号の長さとその成分の振動数が領域の幅はそれぞれ逆比例する．定性的には，そのような関係は自然なことである．もし，(Δt が大きく) 長く継続する信号の，サインの部分があるとすれば，それはほとんど単色の波になり，バンド幅 $\Delta\omega$ は小さくなる．しかし，もし時間が短い信号を作りたいときは，異なった振動数のたくさんの波を集めなければならない．ラジオを聞いているとき，電灯を近くで点灯すると，電気信号の変動やノイズがラジオ波のすべての周波数に発生することに誰でも気づいているに違いない．これは点灯を短時間信号と思えば理解できる．

こうして，それぞれの信号が単色の波の集合でできており，同じことだが，信号はそのようなたくさんの単色の波に分解できることを意味しているがわかった．信号を構成している，振幅の振動数依存性は**スペクトル**[b]とよばれる．この場合，例えば，振幅 A_0 で幅 $2\,\Delta\omega$ の図 6.3 に示すような山の形になる．これはもちろん，一つの山しかない単純平凡なスペクトルである．信号のスペクトルは信号自身のように，さまざまな形の中小の小刻みな山からなる独特な形になる．

例えば，われわれが声を発するとき，空気をある種の方法で振動させ，これらの振動はある種の形の音声信号として伝わる．このスペクトルは，母音を発するか，子音を発するかに強く依存する．母音は二つの特徴的な振動数のピークをもつ (それらは**フォーマット**とよばれる)．一方，子音のスペクトルは，そのようなピークはぼやけ，すべての可聴音域の振動数に広がっている．図 6.4 は $\mathcal{S}$ の音のスペクトルを示す．**調和解析**とよばれる方法が発達し，所定の信号

[b]物理屋はときどき，この言葉で信号を構成している単色波の振動数の集合を意味することもあるが，ここでは波の振幅も同時に考慮するような，より特別な定義にこだわることにする．

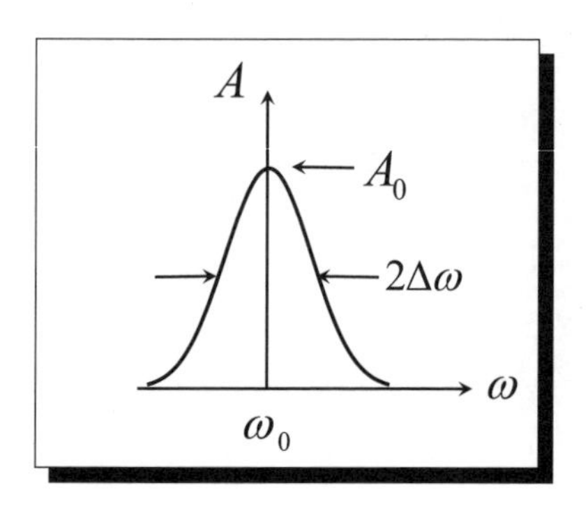

図 6.3　図 6.2 に示したパルスのスペクトル．

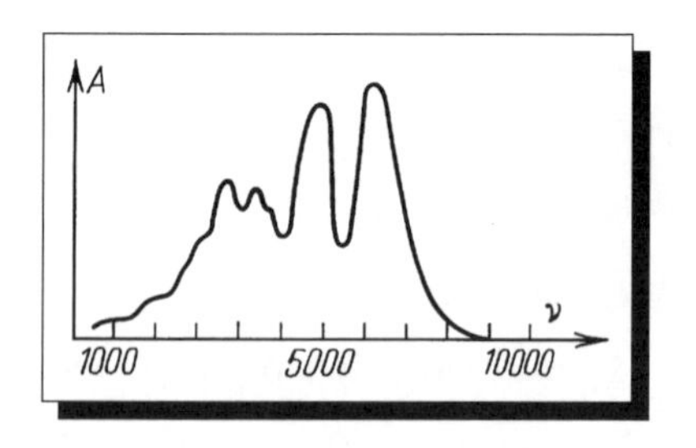

図 6.4　子音 $\mathcal{S}$ のスペクトル．縦軸は強度，横軸は振動数．

スペクトルを見つけることも保存することもできる．

奇妙に思われるかもしれないが，固体は "金切り声" を上げることもできる．熱運動は結晶格子中の原子を振動させ，結果として結晶内を進行する弾性波を生じさせることになる．これらの振動も音波である．その音波のスペクトルの最大値はきわめて高い振動数のところにある．— 絶対温度 5 K では，それは $10^{12} \sim 10^{13}$ Hz になる．しかし，可聴音の周波数域では，これらの振動は無視できるほどに小さいので，固体が "何を話しているか" を知るには特別の仕掛けが必要になる．そして，このおしゃべりを聞くことにより（実際は，音声信号を研究すること），研究者は固体中のたくさんの重要な秘密をすでに解き明かしている．

しかし，どんな種類の信号が実際の情報伝達に用いられているのだろうか？近距離での音声信号は有史以来，うまく働いてきた．しかし，音声信号の弱点は，これらのタイプの波は散逸が速いことである．しかし，一定間隔で増幅する（くり返し送信する）と，そのような信号は非常に長距離を伝わる．例えば，アフリカではつい最近まで，人々はメッセージをタム・タムを用いて伝えていた．すなわち，少量の情報を，“太鼓たたき”で，隣町に伝えていた（ロシアの兵士が旗で行ったように）．

現代の世界では，ほとどの信号は電磁波の形で伝えられる．電磁波であれば，消滅しないうちに長距離通信をこなせる．例えば，電磁波は音声信号を搬送できる．それをするためには，（**搬送波**とよばれる）電磁波の周波数を一定にし，その一方で伝えたい音声信号に合わせて振幅を図 6.5 のように変化させる（**変調させる**）．こうして，必要な情報を含んだ信号が作られる．そして，受信側では，信号が“解読”される．すなわち，変調信号に対応した包絡線が抽出される．ゆえに，そのような送受信法は，**振幅変調**または AM（Amplitude Modulation）とよばれる．それはラジオやテレビの放送[c]に取り入れられている．

しかし新たな疑問がわいてくる．波を使って，どのくらいの量の情報を単位時間に送れるのだろうか？この問題を整理するために，次のような状況を見てみよう．いかなる数も 0 と 1 の列による 2 進法で表現できることが知られている．同じように，いかなる情報もパルス列と一定時間の休止という形に符号化できる．この信号は例えば図 6.6 のように，振幅変調波として伝達できる．情

[c]もちろん，変調後は，電磁波はもはや単色ではない．例えば，単純な変調の場合，すなわち，振動数 ω_0 振幅 $A(t) = A_0\,(1 + \alpha\,\sin\Omega\,t)$，図 6.5 の場合，

$$x(t) = A(t)\sin\omega_0\,t = A_0\sin\omega_0\,t + \frac{\alpha A_0}{2}[\cos(\omega_0 - \Omega)\,t - \cos(\omega_0 + \Omega)t]$$

となる．この単純な変調でもスペクトルはすでに三つの振動数: $\omega_0 - \Omega$，ω_0，$\omega_0 + \Omega$ からなることがわかる．

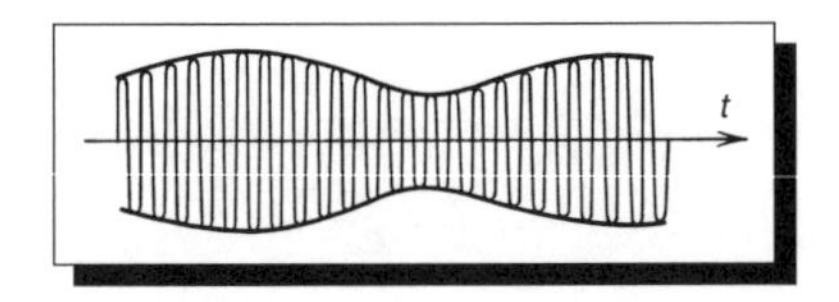

図 6.5　振幅変調の搬送波の振幅は伝えられる低周波の信号に従って変化する．

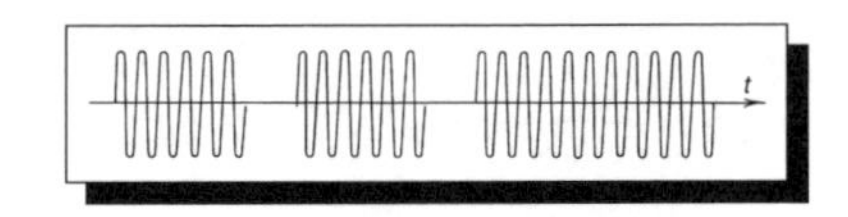

図 6.6　デジタル信号を伝搬させる最も簡単な方法は搬送波を細切れにすることである．

報伝達の要求スピードが上がれば上がるほど，これらの信号は短くなければならない．しかし，情報伝達の信頼性からは，信号の長さは搬送波のサイン曲線より短くなることはできない．これから情報伝達の単位時間あたりの最大量の絶対的な限界が決まる．もし，スピードを上げたいなら，必然的に搬送波の周波数を挙げる必要がある．結局，信号の時間長の関係は，$\Delta t \approx 2\pi/\Delta\omega$，ここで $\Delta\omega$ は ω_0 と同程度となる．

例えば，音楽のプログラムを放送するとき，電磁波でおよそ数百 kHz（$1\,\mathrm{kHz} = 10^3\,\mathrm{Hz}$）の周波数を用いれば十分である．人間の可聴音域の上限はおよそ 20 kHz なので，信号を構成するそれ以下の周波数はこの場合，搬送波より少なくとも 1 けた低くなっている．しかし，テレビの番組の伝送にはこの周波数範囲ではうまくいかない．TV の画像は 1 秒あたり 25 フレーム作られている（訳注：国，地域により 2～3 倍の違いがあり，日本では 60 フレーム）ので，1 万個の分離したドット（ピクセル）で構成される．これから要求される変調周波数は 10^7 Hz なので，それに対応する搬送波は数十から数百 MHz（$1\,\mathrm{MHz} = 10^6\,\mathrm{Hz}$）になる．これが TV 技術者が VHF（very-high frequency）や UHF（ultra-high frequency）

の周波数帯[d]を利用する理由になっている．極短ラジオ波の波長は1 m程度であり，そのような波は（基本的には，直進で届くような範囲の）限られた距離[e]しか伝わらない．

高速情報伝達のよりよい候補は通常の光だろう．光は10^{15} Hzの周波数領域をもっているので伝送速度を数十倍上げることができる．その考えが出されたのはすいぶん前だが，（ベル[f]が光信号をメッセージ送信に使った最初の人であり1880年にさかのぼる）ようやく最近になって，高品質の単色光の光源の発達によって，その技術の実現可能性がでてきた．光ファイバーという光ガイドを伝わるレーザーは，超低損失で伝送し，さらに，現代エレクトロニクスの技術の発達により，これらの光信号の効率的な符号化と解読も可能になった．

こうしてわれわれは確信をもっていえる．すなわち，銅線の時代は衰退し，超高速情報伝達網は光ファイバー技術でおき換わるだろうと．

`Let's try!` 図6.4のような子音Sの音で変調された1 MHzの搬送波のスペクトルの形と幅はどのようなものか？

---

[d]VHFやUHFの単語は周波数帯（ν）で，それぞれ，30～300 MHzと300～3000 MHzを指す．ときどき，二つの周波数帯域を極短バンド帯とひとくくりにすることもある．対応する波長は通常の公式から$\lambda = c/\nu$となり，ここで$c = 3 \cdot 10^8$ m/sは真空中を伝わる電磁波の速度．これは，極短波では1 cm～10 mとあることを意味している．実際，このバンドでは振幅変調AMより周波数変調FM変調が用いられている．

[e]最初のTVセットは（機械的な走査つきで）1920年代に作られたが，おもしろいことに極短波ではなく，中間波（MW）帯を採用した．搬送波の周波数が高い方がよいと議論した通り，MWでは低すぎ，その質はすこぶる劣るもので，画像は判別も困難なほどだった．それで，研究者や技術屋が極短波に切り替え，電場で走査する技術を発展させた．しかし，MWテレビは利点もあった—（極短波に比べ）到達距離が長いので，例えばモスクワからベルリンまでテレビ衛星や中継局なしで伝送される．

[f]5章ですでに紹介している．

7章　どうして送電線はうなるのか

タコマ（Tacoma）の狭い橋は何だ? タコマの狭い橋は 1940 年に建設された．何か月も上下左右に揺れた挙句，橋は崩壊した．哀れな犬の命を道連れに．

—タビー（Tubby），“H 氏の物理”の世界より

昔，古代ギリシャ人たちは，強く引っ張られた弦はときおり，風の中で歌っているかのごとく，メロディを奏でることに気づいた．おそらく，アイオリスのハープはギリシャ神話の風の神，アイオロスにちなんで名づけられたのだろう．それは枠組み（開いた箱）からなり，それにぴんと張ったいくつかの弦がついている．その隙間を風が通るようになっている．そのような楽器では 1 本の弦でもまったく異なった音調のスペクトルを発する．音の多様性はそれよりずっと限られていても，風が電話線を揺さぶるときには，同じような性質の何かが起こる．

この現象の謎は昔の科学者を戸惑わせていたが，17 世紀にアイザック・ニュートン卿が，今日流体力学とよぶ問題に関して解析的な手法を用いて解決した．

ニュートンが表現した法則によれば，液体や気体中を動く物体に働く抵抗力は，速度 v の 2 乗に比例し，

$$F = K\rho v^2 S$$

となる．ここに，S は運動の方向に垂直な物体の断面積，ρ は液体（または気体）の密度，そして K は比例定数である．

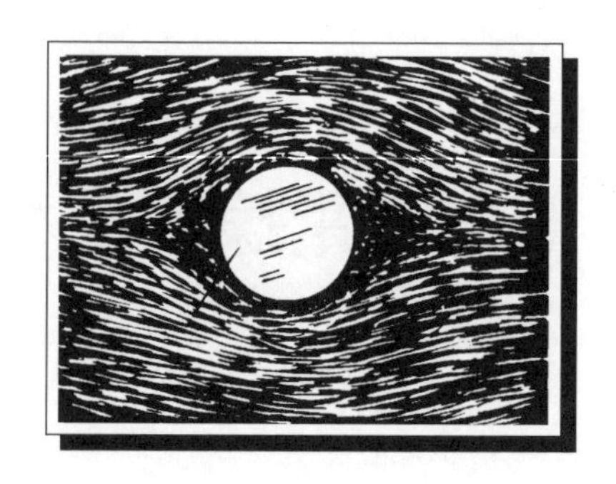

図 7.1　シリンダー状の長い線のまわりを流れる層流の流線.

後でわかったことだが，その公式は普遍的に当てはまるものではない．もし，物体の速度が物質の分子の熱速度に比べて遅いとき，先ほどの関係は崩れ始める．比較的ゆっくり動く物体では，摩擦力は速度に比例することを，すでに4章で議論した（ストークスの法則）．この状況は，例えば，小さな液滴が雨雲の中を動くとき，物体のかけらがガラスコップの底に沈殿していくとき，あるいは媒質 $\mathcal{A}$ がゆるゆるとラバ・ランプの中を動き回るとき（4章を見よ）などに起こる．しかし，ジェット機のような速度が存在する現代世界では，抵抗に関するニュートンの法則の方がもっと一般的である．いずれにせよ，抵抗に関するこれらの基本的な知識だけでは，電力線がうなる現象やアイオリスのハープの調べを十分には説明できない．たしかに，不運にも，そんなに単純なことではない．実際，もし抵抗力が同じままなら（または風の速度とともに増大するなら），弦には何の振動も起こらず，風はただのそよ風と変わらない．

流れが比較的遅い場合，流線は図 7.1 のようになる．液体の流線はシリンダーの前も後も滑らかである（図は断面を示している）．この種の流れは**層流**とよばれ，抵抗力は液体の内部抵抗（粘性）から生じていて，実際，液体の速度に比例している（くり返すが，座標系は物体に固定されている）．そのような流れでは，速度も摩擦力もどの地点でも時間変化しない（流れは**定常的**）．そしてこの

図 7.2　より速い速度の渦が線の後に現れる.

図 7.3　速い流れでは周期的な渦の連なりが航跡のようにできる.

むしろ味気のない状況はアイオリス問題には無関係である.

では，図 7.2 を見てみよう．流速は増大し，新たに渦巻く特徴が現れる．摩擦はもはや決定的な要因にはならない．いまや，摩擦は運動量のささいな違いには鈍感になり，同程度の物体のサイズと同程度のスケールに敏感になっている．抵抗力は速度の 2 乗，すなわち v^2 に比例するようになる.

最後に，図 7.3 を見ると，流速はむしろ遠くまで増大し続け，渦はきちんと並んで，規則的な鎖のようになっている．ここに，弦の振動の謎への答がある！これらのよく組み立てられた渦の尻尾は弦の表面から周期的に離れていき，そのとき，弦の振動を引き起こす (励起する)．これは指で弦を鳴らすようなものだ.

物体の後に渦が尾を引く形は，ハンガリーの科学者，カルマン[a]が20世紀の初頭に発見し，実験研究も行った．いまでは，周期的な渦の列は**カルマン渦列**（Karman trails または，Karman Vortex Street）として知られている．

速度がさらに増大を続けると，渦たちは液体の多くの部分に広がる時間がなくなる．渦巻く領域が減り，渦が互いに混じり始め，流れはカオス的になり，不規則な**乱流**になる．最近の実験では，もっと高速では別の周期が発達することがわかっているが，この章の範囲を超えてしまうので触れない．興味をもったら，ジェームズ・グライク（James Gleick）の "**カオス**（Chaos）" という本を読むとよいだろう．

カルマン渦列は自然界に存在する気まぐれな渦を学術的に取り扱った例に見えるだけで，実用的な重要性があまりないように見えるかもしれないが，実際はその逆であることを銘記したい．例えば，一定速度で風が吹くときでも，周期的に生まれ，放たれる渦のために電力輸送線が揺さぶられる．そしてそのために，不可避的に力強い応力（ストレス）が電柱にくくり付けられた電線に発生し，この周期的な応力を軽視すれば，送電線系が破壊されたりして，ときにはたいへん危険である．同じことが，工場の高い煙突についてもいえる．

おそらく，この種の最も有名な技術的な災害がタコマ（Tacoma，ワシントン州）で1940年11月に起きている．4か月間前に開通したばかりの（およそ1,600 m の長さの2車線の）自動車橋（図7.4）が大揺れを始め，崩壊したのだ．幸い，死者やけが人はいなかった（この章のエピグラフに載せたように伝説の犬が犠牲になったこと以外は）．

連邦労働局の特別委員会がこの事故の調査に指名された．カルマンはその委員の一人であった．委員会は，タコマの狭い橋は "乱流になってしまった風に

---

[a]テオドア・フォン・カルマン（Theodore von Karman，1881–1963）．流体力学に多大な貢献をしたことから，彼は超音速飛行の父として知られている．ハンガリー生れで，第二次大戦時はアメリカ政府で，そして戦後は，NATO（北大西洋条約機構）の航空研究開発の顧問グループで働いた．

図 7.4　振動が渦の擾乱で励起され，それがタコマの狭い橋の破壊の引き金となった．

よる不規則な作用で励起された強制振動” によって崩壊したと結論づけた．しばらくして新しい橋が架けられたが，今度は風にさらされる面の部分の形は完全に作り替えられ，不規則な振動を除くようにした．

8章　砂の上の足跡

私は砂の上の貴方の足跡，貴方は私と歩く．
そして貴方は私に理解させる，私の行方を．

—サイモン・コーウェル（Simon Cowell）ほか
“砂の上の足跡”

海岸を歩いているとき，足の下の砂を圧縮していると感じたことはあるだろうか？ 足の表面では，砂に踏み込むことは粒を互いに押すことになる．実際はその反対になっている．以下がその証拠だ—濡れた砂の上に残された足跡は速く乾く．流体力学の仕事で有名な英国の科学者，レイノルズは[a]，1885年に英国協会の集会での講演の中でおもしろいことを指摘した．すなわち，引き潮のとき，まだ濡れている砂に足を踏み込むとき，まわりは速く乾くと⋯．彼によれば，足の圧力はまわりの砂を緩め，圧力が強ければ強いほど，水がたくさん吸収される．これは，言い換えれば，十分な水が下から来るまでは砂を乾きやすくするということだ．

しかし，どうして圧力は粒間の空間を広げ，その空間を水が埋めないのだろうか？ 19世紀の科学者にとっては，この問題は無意味な問題ではなかった．答は物質の原子の配列構造に直結していた．それが，本章の話題である．

---

[a] レイノルズ（O. Reynolds, 1842–1912），英国の物理学者，工学者で，乱流，粘性流および潤滑の理論の専門家．

8.1　ボールの稠密（もっとも密度が高い）充填法

すべての空間を同じ半径の剛体球で埋め尽くすことはできるか？ もちろん不可能である．結晶格子の中には必ず空隙がある[b]．ボールで空間を埋める割合は**充填率**とよばれる．ボールが互いに近づけば近づくほど，充填率は高くなる．しかし，密度はどこまで増大しうるのだろうか？ この問題への回答は，実は海岸での足跡の謎解きへの鍵を与える．

簡単な場合から始めよう．平面上への同じ半径の円の充填を調べよう．充填率を高めるには，正多角形でできているモザイク（**平面のタイリング**（タイリングとは多角形により平面を埋め尽くすこと））の細胞に円をはめ込めばできる．平面を覆うことができる正多角形は三つしかない．正三角形，正方形，正六角形のみである．四角や六角形のモザイクの細胞に円を詰めたようすを図 8.1 に示す．六角形に詰めたパターン（b）の方がより，効率のよいことはすぐにわかる．正確な計算（読者自身で簡単にできることだが）によれば，(b) の場合，表

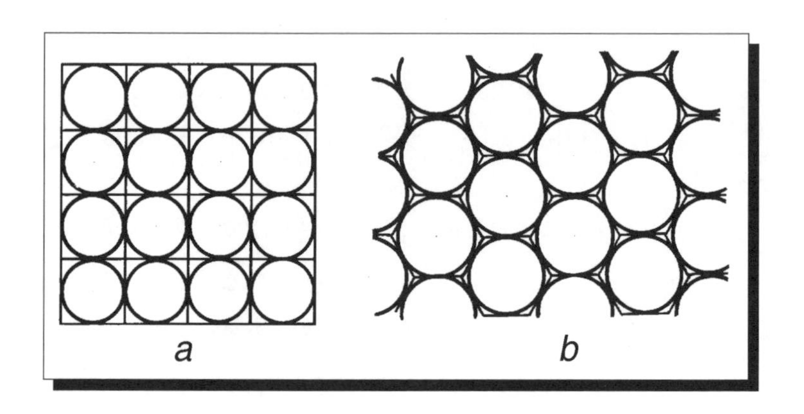

図 8.1　正多角形で構成された細胞でできた平面に円を充填した図．

[b]原理的に，もしボールの半径 r_1, r_2 が一定でなく無限級数をなし，$\lim_{n\to\infty} r_{n=0}$ ならば可能である．しかし，固体物理ではそんな問題はあまりおもしろくない．

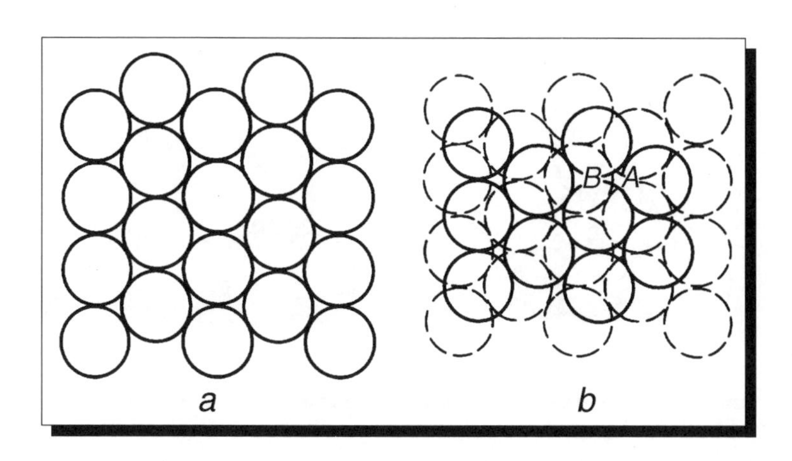

図 8.2 同じ径のボールのコンパクトな空間充填.（破線は下の層を示す.）

面の 90.7%を覆うことができるが，(a) の場合は 78%に留まる．六角形での充填は平面では最大になる（現代物理では平面を 2 次元とよぶ)．おそらくこの理由でハチたちがハニカム（ハチの巣，ハチの巣構造）を作るのであろう．

3 次元空間への稠密な充填は次のようにして実現する．まず，最初に，上述のような平面への効率のよい充填パターンを準備する（図 8.1*b*)．これを X 層とよぶことにする．第 2 層を第 1 層の上に置いてみよう．これは，ちょうど真上に置くので，見えないハニカムに充填するように見える．しかし，この XX 充填では隙間だらけになって，空間充填率は 52%になってしまう．

密度を問題にするなら，上層の球たちが一つ下の層の接触し合う三つの球たちでできたくぼみにはまらなければいけない（これは XY-配列とでもよぶとよいだろう)．しかし，すべてのくぼみを同時に埋めることは不可能である—隣のくぼみの一つは必ず空いている（図 8.2)．次に，第 3 層を置く方法は，2 通りある．一つは第 2 層の Y のときには使わなかった第 1 層の X の上にボールを置く方法（図 8.2*b*)（これらの点の一つを A で示した)．で新しい Z 層を作る方

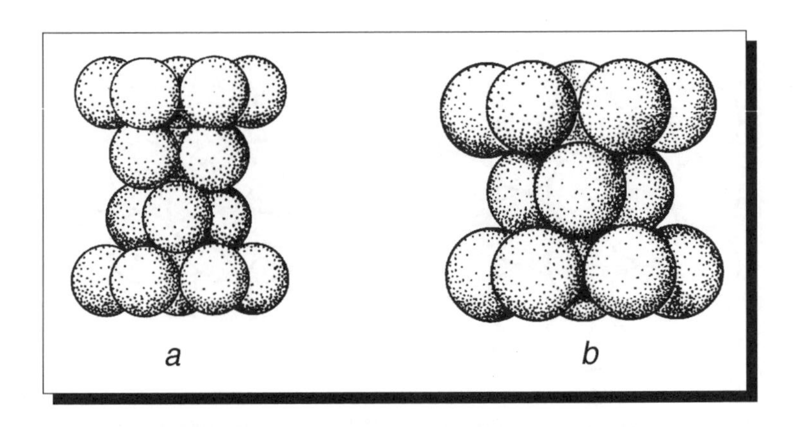

図 8.3　3次元では同サイズのボールの二つの最密充填方法ある．

法である．もう一つの方法は，1層の真上（図 8.2*b* の点）に X の並びで置くことだ．もし，これらのいずれかの手法に従って周期的に層をくり返せば，規則正しい3次元空間のパターンが得られる．すなわち，$XYZXYZ\ldots$ あるいは $XYXY\ldots$ のいずれの方法でも図 8.3 のように，結果として，われわれはボールを空間充填する二つの方法を得たことになる．両者ともに，74%の空間充填率になる．

これらの充填で各ボールが 14 面体の頂点と 12 箇所で他と点接触し[c]，これらの多面体の面は交互に現れる四角形と正三角形からなる．こうして，第一の選択（図 8.3, *b*）は図 8.4 に示すように斜方切頂立方八面体[d]となる．

---

[c]これを表すギリシャ語の *tettarakaidecahedron*（$\tau\epsilon\tau\tau\alpha\rho\alpha\kappa\alpha\iota\delta\epsilon\kappa\alpha\epsilon\delta\rho o\nu$）はすでに一般的には使われていない．

[d]斜方切頂（せっちょう）立方八面体（Cuboctahedron）はアルキメデスの立体（Archimedean solids）とよばれるものに属する．この仲間は頂点でどこでも正多角形の同じ組がくっついているもので，13 種の凸面多面体がある（訳注：正多角形の組には，正三角形，正四角形，正五角形，正八角形，正十角形などが 2 種，ないしは 3 種，複数個，混ざった組み合せがある）．*cuboctahedron* という言葉自体は，ケプラー（J. Kepler）による（78 ページを見よ）．図 8.3*b* の充填は，二つの型の頂点があるため，アルキメデスの立体には対応していない．

図 8.4　ケプラーの斜方切頂立方八面体（脚注参照）.

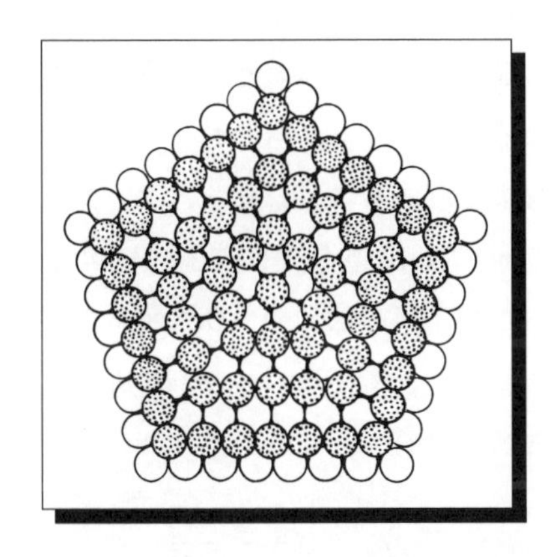

図 8.5　ボールの五角形的な充填.

ここまで，われわれは空間的に周期的なハニカム[e]をボールで埋める方法を学んできた．しかし，この条件以外でもっと濃密に充填できる可能性はないのだろうか？ 例を図 8.5 に示す．平面内のボールの集合は正五角形の辺を示している．同じ正五角形内の最近接のボールは互いに触っているが，同じ色の五角形図形は互いに離れている．白，灰の正五角形の辺のボール数は偶数，奇数が入

[e]このことを別の言い方をするなら，ボールの中心は周期的な格子を作るということだ.

れ替わる．このように詰めると72%の充填率になり，それは，図8.3に示した六角形の配置の値に届かないが近くなる．格子を組まなくても，ボールの充填率を74%まで上げることができるそうだ．しかし，それ以上に充填率を上げることができるのかという問題は未解決である．

海岸の足跡に話を戻そう．ほんのわずかな空隙しか残さないボールの特別な配列があることを知った．もし，例えば，ある層のボールを次の層のくぼみから離れるように移動させて，配列を乱そうものなら，空隙は大きくなるだろう．たしかに，砂の粒を配列するのに，誰も特別なことをしているわけではない．では，どうしたら砂を濃密に詰められるのだろうか？

常識を思い出そう．粒を缶に詰めるとき，どうするか？あなたなら，缶を揺さぶって，もっと詰まるようにするかもしれない．たくさんの中の，一つの粒を軽くたたくだけでもよく収まるようになる．

この方法の科学的な研究は1950年代に英国の科学者，スコット（G. Scott）が行った．彼は異なったサイズの球状のフラスコとボールベアリングで実験した．揺さぶることなく詰めたとき，ボールは不規則な位置を占める．経験的には充填率は，ボールの数に対して，

$$\rho_1 = 0.6 - \frac{0.37}{\sqrt[3]{N}}$$

のように依存する．ここでNはボールの数である．もしボールの数がたいへん大きくなると（実験では数千にもなった），密度は一定値になろうとし，60%の空間充填率に近づく．しかし，揺さぶることが，この充填率増大の助けになり，

$$\rho_2 = 0.64 - \frac{0.33}{\sqrt[3]{N}}$$

まで増大する．しかし，この場合でも，それは規則正しく詰めたときの充填率，74%よりたいへん小さい．

実験の結果は注目に値する．なぜ，第2項が$\sqrt[3]{N}$に逆比例するのか？ フラス

コの壁の近くのボールは内部にいるボールに比べ，特別な位置にいる．これが，充填密度に影響するのだ．表面（すなわち，壁の近く）にいるこれらのボールの寄与は容器の表面（$\sim R^2$）の体積（$\sim R^3$）に対する比に比例しており，この比は系のサイズ（R）に逆比例する．系の体積とは隙間も含めたボールの占有する全体積を意味する．体積はボールの数に比例するので，系のサイズは $R \sim \sqrt[3]{N}$ である．このタイプの依存性は，表面効果を考慮するときの物理にしばしば現れる．

正確な実験は，常識と一致するもので，揺さぶるということは充填率を向上させることに寄与することも証明できる．しかし，理由は何だろうか？ 安定平衡の位置は位置エネルギーの最低値とつねに関連していることを思い出そう．ボールは穴には定常的に永久に留まるが，盛り上がりからは即座に転がり落ちる．この種のことがここでも起きている．フラスコを振ることで，ボールを自由空間に向かって転がし，充填率を上げ，全体積を小さくする．結果として，ボールの高さは下がる．ゆえに，系の重心は低くなり，位置エネルギーが下がる．

こうして，ようやく，われわれは濡れた砂に何が起こったかを知ることができる．絶え間なく押し寄せる波は，砂粒の濃厚充填が完成するまで，撹拌する．人が砂浜に踏み込むと，粒子の配置を妨害し，粒子間の空隙[f]を広げる．上の砂の層にあった水は空隙に浸透して下がってくる．この過程で，足跡のまわりの砂が乾くように見える．足を抜けば，密度の高い充填が回復し，足で窪んだところは空隙が減らされたところから放出されてきた水で満たされる．しかし，時には強く圧縮されたところでは，砂の濃密充填状態までは回復しない．こうして，足跡は下から水位が上がってきて，水が広がった空隙を満たすにつれて濡れ始める．

おもしろいことに，粒子物体のこれらの特徴がインドの托鉢僧たちに知られ

[f] レイノルズによれば（71 ページを見よ），これは足跡の**まわりの**砂に関連しており，一方，足の底の砂は濃く充填されたままであることに注意．

ていた．彼らの妙技の一つは長く細い剣を，米を入れた首の細い花瓶のような容器（以後花瓶という）のなかに数回差し入れるところにある．剣のある部分が米に張りついて，剣の取っ手をもつだけで花瓶をもち上げるというものである．

明らかに，そんなことがうまくいく秘密は剣を米にランダムに差し込むことが米粒を“最適に”充填させ，振ることと同じ役割をしたところにあると思われる．これは圧縮波がゆるい媒体を進むようなことを想像するとよいだろう．最初，米粒は刃のまわりにコンパクトに充填されるが，歯に触れていない中の部分や壁では自由のままである．（どちらかというと滑らかな）波の“先端”では濃密な殻がゆるいまわりの媒体から分けられる．米粒の塊に剣を刺したところから波の先端が進み，その先端が容器の壁に達したとき，米粒の濃密充填が完成する．言い換えれば，さらに圧縮される可能性はなくなる．媒体の性質は劇的に変わり，“非圧縮性媒体”となる．このときが，まさに剣が張りついたときなのだ．すなわち，このとき米粒の刃に当たる圧力と摩擦によって，花瓶をもち上げることが十分可能になるのだ[g]．

⚠ **注意!** パーティで友だちを驚かせてやろうと思い立っても，どうか，ガラスのフラスコや磁器の花瓶は避けてほしい．結果はまったく予期せぬことを引き起こすことになるから．

8.2　長距離秩序，短距離秩序

もちろん，すべての物体を構成している原子は硬いボールではない．しかし簡単な幾何学の議論は物質の構造を理解する一助となる．

幾何学的な取り組みはドイツの科学者，ケプラー[h]によってなされた．彼は，

[g] この段落は英語版に付け加えられた．

[h] ケプラー（Johann Kepler, 1571–1630），ドイツの天文学者，天体力学の創始者．惑星の運動に関する有名なケプラーの法則はニュートンの重力の法則の発見の基礎となった．多面体に関するケプラーの興味は，世界は数学的調和で支配されているという考えを称賛することだった．ケプ

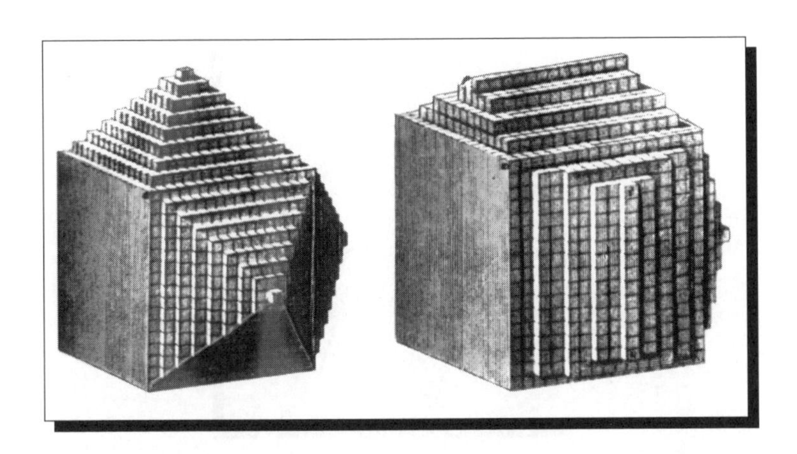

図 8.6 結晶充填モデル．19 世紀初頭に刊行されたアユイの画集より．

雪の切片の六角形の形はボールの稠密充填に関係しているという考えを押し進めた．ロモノソフ[i]は 1760 年にボールの最もコンパクトな立体充填を最初に描いて見せ，それを多面体結晶を説明するのに用いた．フランスの僧院長，アユイ[j]は 1783 年に結晶が，部品のくり返しでできていることに気づいた（図 8.6 を見よ）．彼は結晶の規則的な形は，同一の小さな“煉瓦”でできていることを示唆した．最後に，1824 年にドイツの科学者ジーバー（A. L. Seeber）が規則的に並んだ球の集合でできているという結晶のモデルを提唱した．球を高密度で充填させることは，全体として位置エネルギーを最小にすることに対応していた．

結晶構造は**結晶学**とよばれる特別な科学の主題だ．現在では，結晶中での原子の周期的な配列は確立された事実だ．電子顕微鏡でそれを見ることもできる．

ラーによれば，太陽系での惑星の軌道の半径の比は一様な正多面体に関連しているに違いないというものだった．

[i] ミハイル・ロモノソフ（Mikhail V. Lomonosov, 1711–1765）．世界的に重鎮をなしたロシア史上最初の科学者．物理，化学，物質科学，そして文学，詩，絵画に才をなした．モスクワ大学を創設した．

[j] アユイ（R.-J. Haüy，1743–1822），フランスの結晶学者，鉱物学者．

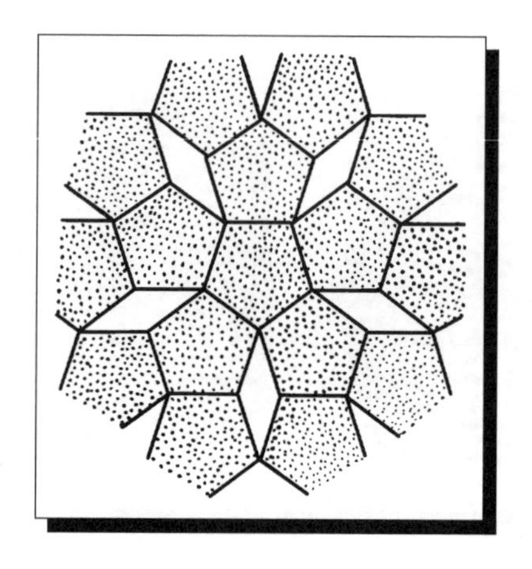

図 8.7　正五角形で平面を埋めることはできない．

原子の世界では積極的に充填されようとする傾向もたしかにある．およそ35の元素では原子たちが図 8.3 に描いたようなボールの配置のように配列する．原子の中心は（もっと正確には原子核が）**結晶格子**とよばれる空間を構成し，それはある単位のくり返しから成っている．基本格子は単原子を周期的に移動して構成でき，それは**ブラベー格子**とよばれる（フランスの海軍士官，ブラベー[k]にちなんでいる）．彼は最初に空間格子の理論を開発した．

ブラベー格子はそれほど多くなく，14 種だけだ．理由は，もっとも対称性のよい元素は周期的格子として生き残れないためだ．例えば，正五角形は軸のまわりに 5 回回転することに対応する．これを 5 回対称軸があるという言い方をする．しかし，ブラベー格子は 5 回対称軸をもつことができない．もし，そのような格子が存在したら，その節点は正五角形の頂点になり，それらは壊れることなく平面全体を覆うことができることになってしまう．しかし，五角形で平面を埋める方法がないことは有名である（図 8.7）！

[k]ブラベー（A. Bravais，1811–1863），フランスの結晶学者．

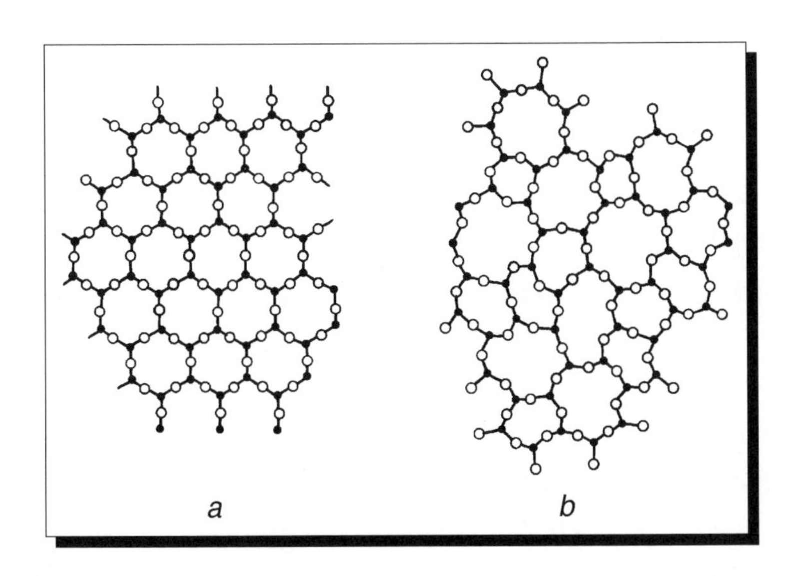

図 **8.8**　石英（クォーツ）(a) とガラスの構造 (b).

こうして，すべての結晶はくり返し単位で構成される．この性質は**並進対称性**とよばれる．物理学では，結晶中に**長距離秩序**があるという言い方をする．この大事な性質が，結晶を他の物体と区別するものである．

しかし，長距離秩序の有無を考えると重要な物質の形態がある．**非晶質（アモルファス）**というものである．液体は非晶質の一例である．固体でも非晶質になり得る．ガラスの構造を図 8.8 に示す．同時に同図に示したのが同じ化学成分をもつ石英（クォーツ）である．クォーツは非晶質ガラスと異なり，結晶である．長距離秩序がないということは，ガラス中の原子がカオス的に配列しているわけではない．読者は絵を見れば，ガラスの中にもある種の近接同士での秩序が保たれていることがわかるだろう．これは**短距離秩序**とよばれる．

最近，非晶質物質の重要な応用が発見された．例えば，非晶質金属合金，すなわち**金属ガラス**は独特の性質をもっている．それらは，硬度が増していること，耐腐食性が高いこと，また，ほどよい電気的，磁気的性質を示すことなどがわかった．金属ガラスは液体金属を超高速で冷却して得られる．その速さは1秒に数千度の程度でなければならない．これは金属の小さな液滴を高速回転している冷たい円盤表面に打ちつける（スパッターする）ことにより実現できる．液滴は円盤に当たってつぶれて，数マイクロメートルの厚さの薄膜を形成し，瞬時の熱が除去されると，冷却時に原子たちがしかるべき位置に行くひまが与えられないままになる[1].

非晶質固体の構造に焦点を当てたおもしろい研究が，1959年に英国の科学者バーナル[m]によってなされた．同じ大きさの工作用粘土のボールを無秩序に集めて，一つの大きな塊に押し縮める．塊をばらしてみると，各ボールは変形して，各々が多面体になっているが，それらの多面体の面はほとんど五角形になっている．実験は鉛のペレットでくり返された．もし，ペレットが稠密かつ整然と並べられるなら，圧縮では規則正しい斜方十二面体[n]になる．一方，もしペレットが意図のないまま放り込まれれば，それらは不規則な十四面体の集合になる．それらの面の中には四角形，五角形が見られるだろうが，五角形が大勢になる．

現代技術では，ときどき目的物の各要素を高密に充填する必要が生じる．例えば，図 8.9 は超伝導線の断面図を示しており，それは多数の超伝導線と隙間を銅で充填した構造をしている．最初は断面が丸い円柱状の電線たちは，線引きして縦に延ばされ，横に圧縮される六角形になる．より稠密に，正確に電線たちが詰められると，断面はより規則的な六角形になる．もし，高密度充填が妨げられたなら，五角形が断面に現れる．

---

[1]溶融スピンニングの方法では，溶けた金属が回転している冷たい銅のドラムの動いている表面で引き延ばされる．金属ガラスの固体薄膜が連続したリボンとなって 1 km/分を超える速度で押し出される．

[m]バーナル（J. Bernal, 1901–1971），英国の物理学者，とくに X 線回折の専門家．金属，タンパク質，ウイルスの構造などを研究した．

[n]斜方十二面体（または傾いた十二面体）は 12 のひし形の面と 14 の頂点をもった多面体．その多面体は，図 8.3a に示してある．

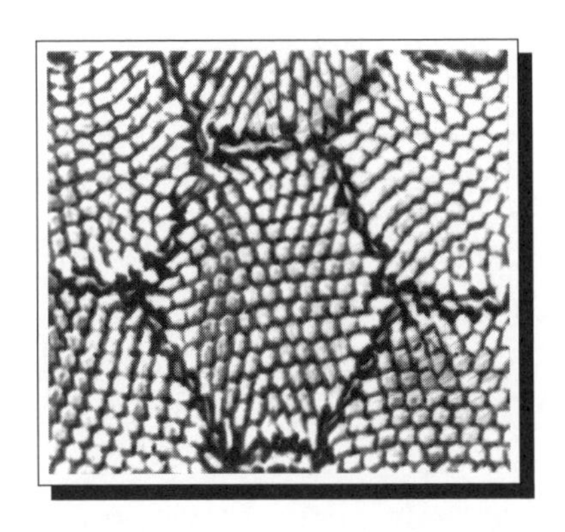

図 8.9　高品質の超伝導線の断面積．最初は断面が丸い円柱状の電線たちを線引きすると六角形になる．

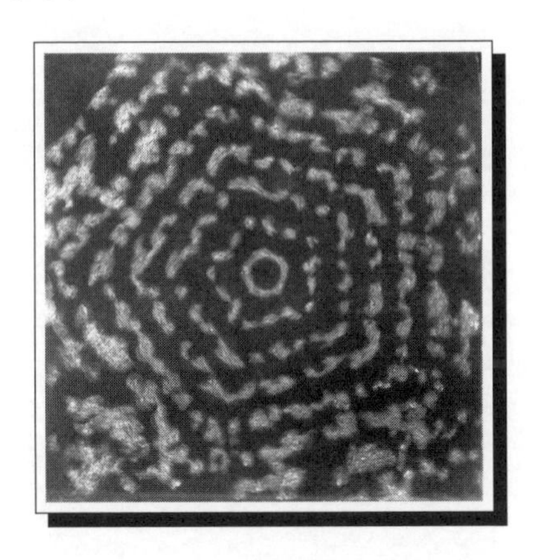

図 8.10　ウイルスのコロニーの 5 回対称を示している電子顕微鏡写真．

自然界には 5 回対称性が多く存在する．図 8.10 はウイルスのコロニーの写真である．これは図 8.5 で示されたボールの五角形充填と何とよく似ていることか！古生物学者は化石の中に 5 回対称軸が存在することを（岩石学的なものに対比して）生物学的な起源の証拠だと主張している．人里離れた海岸からずっと遠くまで足跡が続いているのを見ると感慨深くなる．

Let's try! インドの托鉢僧たちが彼らの奇術のために長く細い首の金属の花瓶を用いたことは重要だったろうか？ 首の体積の花瓶の体積に対する比がどれくらいのものを使わねばならないだろうか？

9章　雪の移動の防ぎ方

直前に雪が降ったというわけでもないのに，道路や鉄道がくぼみを通過するような場所でときどき雪が吹きだまりになっていることがある．どうしてそのようなことが起こるのか？ 実は，答は単純だ．雪は風で運ばれてきただけだ．しかし，この過程を仔細に理解するにはたくさんの研究が必要だった．

1936 年に英国の地質学者バグノルド[a]は大気のあるトンネルの中で風によって砂が運ばれる現象を調べた．彼は風速がある臨界速度 v_1 を超えない限り，砂は動かないことを発見した．ただ，たとえ空気の速度が v_1 より速くても別の値 v_2 より小さければ，砂の塊は静止したままだ．しかし，ときたま砂粒が上から落ちてくるといくつかの反跳粒子を生じる．跳ね上がった粒子は風に捕まり，それらが落ちるとき，より多くの他の粒子を元の層からたたき上げる．その結果，砂は風に運ばれ，跳びはね運動をすることになる．速度が v_2 を超える場合，風は砂の雲を巻き上げながら吹く．雲の密度は高さが高いところほど減少する．砂の航跡は図 9.1 で見ることができる．

もう，われわれはどうやって風がくぼみに雪をためるか説明できる．図 9.2 で飛跡の写真を見てみよう．穴を通過するとき，空気の流れは広がり，速度が下がることは明らかだ．これが，落ちた粒子と浮いている粒子のバランスを崩させる．落ちてくる粒子の数のほうが吹き飛ばされる数より多くなる．ゆえに，この沈下で雪がゆっくり埋まってたまっていく．風に運ばれている雪が障害物

[a]バグノルド（Ralph A. Bagnold，1896–1990），堆積物の輸送力学，風成（風の効果の）過程の専門家．

図 9.1　異なった強度の空気流中を飛ぶ砂粒子の航跡.

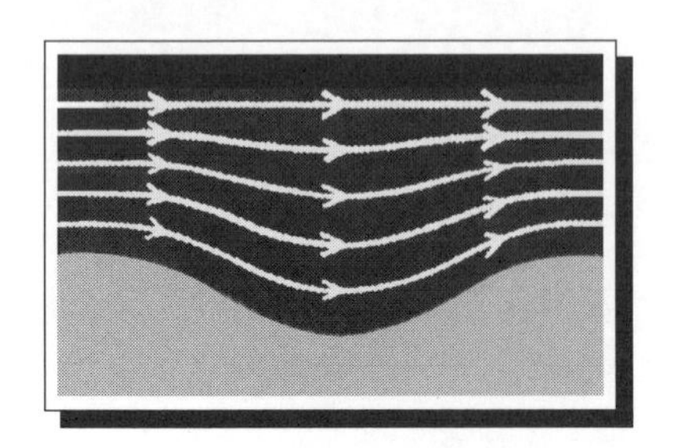

図 9.2　穴の脇を通るときの風の流線.

に出会ったときにも，似たような過程が起こる．木の幹に出会うと，入射する流れは旋回して上昇気流を引き起こす．この流れは木の根元の風上の部分に深い穴を掘る．同時に穴の前，木の後では風速は小さくなり，盛り上がりができる．

この現象のおかげで，道の低い部分で雪が固着するのを防ぎやすくしている．防風フェンス用に木の板を道の風上に少し離して置くと，フェンスの風下には定常的な弱い風しか当たらない場所ができ，雪が堆積する．風でできた砂の小山や砂丘を同じ機構で説明できる．十分強い風が風でできた砂の小山に吹きつけると風上側の砂を巻き上げる．小山の反対側では風は減速し，砂が落ちる．結果として，時間とともに，小山は寸刻みで動き，小山は“さまよう”．

Let's try!　なぜ，ある速度（v_2）で砂が風で舞い上がるのか，説明を試みよ．

10章　列車の中のできごと

しばらく前のこと，著者たちがベニスからナポリに急行列車で帰ったときのことである．列車はたいへん速く走り（速度はおよそ 150 km/h），ルネッサンスの絵画で見られるような風景が車窓にさらさらと流れていた．まさにキャンバスそのもので，田園は山あり谷ありで，われわれはときおり，橋を通り，トンネルにも入った．

ボローニャとフィレンツェの間のひときわ長いトンネルの中で，われわれは突如，耳に鈍痛を感じた．それは飛行機に乗っていて，離陸や着陸のときに感じるのと同じ感じのものだった．同じような感覚が，同乗者にも襲って，皆，この不快さを跳ねのけようと頭を振ったりしていた．

しかし，列車が狭いトンネルから飛び出したときに，この不快感は消えた．だが，著者の一人は，鉄道でのそのような現象に慣れておらず，この起源に興味を抱いた．それは圧力の不連続な飛びに関係していたことは明らかであったので，物理的起源の議論に花を咲かせることになった．

ちょっと考えれば，それはトンネルの壁と列車の間の空気圧が大気圧より上昇したように思えるだろう．しかしこの仮定は議論を進めるうちに，ますます自明とはいえないことがわかってきた．そのような場合は，数学が最高の判定者だ．それでわれわれは問題を定量化しようと試みた．そしてまもなく，次のような説明にたどり着いた．

断面積 S_t の列車が速度 v_t で，断面積 S_0 の長いトンネルを移動することを

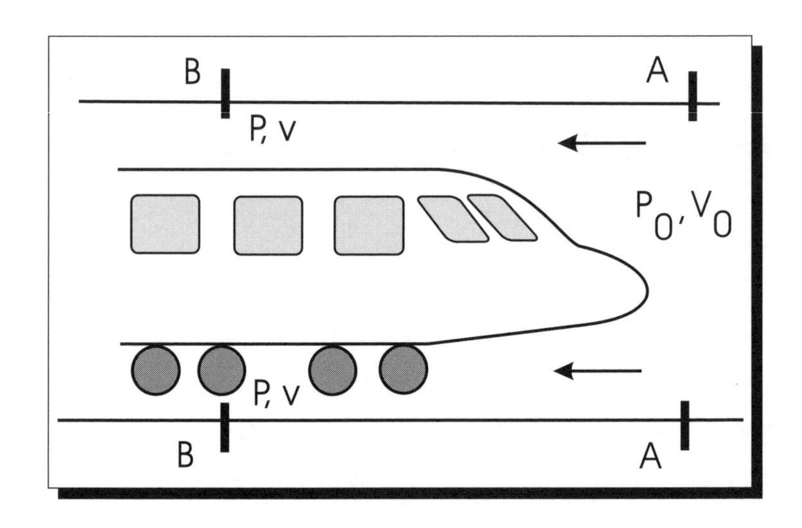

図 10.1　トンネル中の速い列車のまわりの空気の流れは空気チューブでの流れと酷似している．

考える．まず，列車に乗った慣性系座標に移ろう．空気の流れを定常的な層流とし，粘性を無視する．今のケースでは列車に対するトンネルの壁の運動を考慮する必要はない．粘性を無視するので，壁の運動は空気流に影響を与えないからである．列車が十分長くて，列車の前や最後尾の効果を無視できるとする．トンネル中の空気圧は一定で，列車の長さの区間では変化しないと仮定する．

こうして細部を削ると，列車の実際の運動を，より単純化された物理モデルで数学的に解析しやすいものに移行できる．それで次のように考えられる．

図 10.1 のように風が吹き抜けている長い管（単純化する前はトンネル）と流線の終わりを決めるシリンダー（単純化する前は列車）が同軸的に中で固定されているものを考える[a]．断面 A – A の列車からずっと離れたところでは，空気圧は大気圧 p_0 と等しくなっている．この場所での空気流の速度は列車の速度 $\vec{v_t}$

[a]飛行機のテストのように，通常の列車トンネルを空気トンネル（空洞）におき換えた．

と大きさが等しく反対向きである．B – B あたりの断面を調べてみよう（B – B は列車の両端から十分遠く，われわれの仮定が成り立つような場合）．この断面の空気圧を p で示し，空気の速度を v で示すことにする．これらの値は，v_t や p_0 と，ベルヌーイ[b]の方程式で結びついている．

$$p + \frac{\rho v^2}{2} = p_0 + \frac{\rho v_t^2}{2} \tag{10.1}$$

ここで，ρ は空気の密度である．方程式 (10.1) は二つの未知数 p と v を含んでいる．そのため p を決めるために，もう一つの関係式が必要になる．それは空気の流れの保存条件である．この条件で，単位時間にチューブの断面を通過する空気の質量は一定で，

$$\rho v_t S_0 = \rho v (S_0 - S_t) \tag{10.2}$$

となる．この方程式は，空気の質量はチューブ内で発生も消滅もしないことを表現している．それは普通，流れの連続の条件とよばれている．おそらく読者は気づいていると思うが，われわれは方程式 (10.1) と (10.2) での空気の密度を一定としている．この仮定が意味をもつためには，二つの条件が成り立つ必要がある．第一の条件はわれわれが求めている圧力の飛び Δp は背景圧力よりずっと小さくなければならない（$\Delta p \ll p$）．もし空気の温度がチューブに沿って変わらないなら，式 (10.4) から，その密度は圧力に比例する．すなわち，$\rho \propto p$ となる．Δp が小さいときは，密度の変化，$\Delta\rho = \rho\Delta p/p \ll \rho$ を無視できる．あとで見るように，実際，これは無視しても問題がない．第二の条件はトンネルの断面ごとの流速に関するものだ．チューブの全体にわたって密度を一定にするために，空気が平衡になるための時間が必要だ．これは，流速が分子のカオス的な熱運動の平均二乗偏差より十分小さくなければならない．それがまさに

[b] ベルヌーイ（Daniel Bernoulli，1700–1782），オランダで生まれたスイスの物理学者，数学者（スイス人の数学者ベルヌーイ（Johann Bernoulli）の息子）．流体力学の理論の基礎を定式化した．

巨視的スケールで，気体密度が一定平衡値を確立する特徴的な時間を決めている速度のことである．

連続の式 (10.2) を用いて，式 (10.1) から速度 v を消去すると，

$$p = p_0 - \frac{\rho v_t^2}{2}\left(\frac{S_0^2}{(S_0 - S_t)^2} - 1\right) \tag{10.3}$$

を得る．空気密度 ρ はクラペイロン–メンデレーエフ（Clapeyron–Mendeleev）の方程式（12章で済ませたように，式 (13.3) を見よ）を用いれば，

$$\rho = \frac{m}{V} = \frac{p_0\,\mu}{RT} \tag{10.4}$$

と表される．

ここで，$\mu = 29$ は空気のモルあたりの質量，T は絶対温度，R は1モルあたりの気体定数である．これらを，(10.3) に代入して，

$$p = p_0\left[1 - \frac{\mu v_t^2}{2RT}\left(\frac{S_0^2}{(S_0 - S_t)^2} - 1\right)\right] \tag{10.5}$$

を得る．

右辺の $\mu v_t^2/(2RT)$ は，明らかに無次元量である．したがって，$\sqrt{RT/\mu}$ は速度の次元をもつ．係数まで含めて，それは熱運動の平均二乗偏差だということが簡単にわかる．しかし，空気力学の問題では，気体のまた別の物理的な特性である音速 v_s の方が強く関連している．それは，分子速度の平均二乗偏差のように，温度と分子質量の同じ組み合せで決められる．しかし，v_s の数値はさらに断熱指数 γ とよばれるものを含んでいる．γ は気体では1に近い数であり（空気では $\gamma = 1.41$），

$$v_s = \sqrt{\gamma\frac{RT}{\mu}} \tag{10.6}$$

を得る．

通常の条件では，$v_s = 1{,}200\,\mathrm{km/h}$ になる．方程式 (10.6) を使えば，(10.5) の表現を次の議論にもっと便利な形，

$$p = p_0 \left[1 - \frac{\gamma}{2} \frac{v_t^2}{v_s^2} \left(\frac{S_0^2}{(S_0 - S_t)^2} - 1 \right) \right] \tag{10.7}$$

と表すことができる．ここで，少しとまって，考えてみよう．われわれはトンネル内の列車の表面に沿って圧力を計算した．しかし，われわれの耳が痛くなった原因は，圧力自身ではなく，圧力が p' と比べて変化したからである．p' とは列車がトンネルの外を動いているときの圧力のことである[c]．この圧力を方程式 (10.7) から簡単に決めることができ，トンネルの外では断面積が無限大 $S_0 \to \infty$ のトンネルと考えることができることに気づくだろう．そして，

$$p' = p_0$$

を得る．実は，この結果は計算しなくても十分に自明だ．

相対圧力差は負であること，

$$\frac{\Delta p}{p_0} = \frac{p - p_0}{p_0} = -\frac{\gamma}{2} \left(\frac{v_t}{v_s} \right)^2 \left(\frac{S_0^2}{(S_0 - S_t)^2} - 1 \right) \tag{10.8}$$

を観測するのは興味深いことだ．これから最初に予測したようなことに反して，列車がトンネルに入るとき，そのまわりの圧力は減少することがわかる．では，この効果の大きさを見積もってみよう．以前に述べたように，$v_t = 150\,\mathrm{km/h}$ と $v_s = 1{,}200\,\mathrm{km/h}$ である．狭い鉄道トンネルでは $S_t \,/\, S_0$ はおよそ 1/4 である（トンネルの中は 2 車線だから）．ゆえに，

$$\frac{\Delta p}{p_0} = -\frac{1.41}{2} \left(\frac{1}{8} \right)^2 \left[\left(\frac{4}{3} \right)^2 - 1 \right] \approx 1\,\%$$

[c] ここで，われわれは二つのことを指摘しておく．第一に，生物物理学では，ウエーバー–フェッシャーの法則がある．この法則によれば，環境のいかなる変化も，パラメーターの相対的な変化があるしきい値を超えれば，感覚器官で検知できることになっている．第二に，長いトンネルの中ではわれわれの器官は新しい条件に適応して，不快さは消えてしまう．しかし，再び出口では不快さが戻ってくる．

ということがわかる．この値はたいへん小さく見えるかもしれないが，$p_0 = 10^5\,\mathrm{N}/\mathrm{m}^2$ だということを考慮して，鼓膜の面積を $\sigma \sim 1\,\mathrm{cm}^2$ とすれば，余分な力 $\Delta F = \Delta p_0 \cdot \sigma \sim 0.1\,\mathrm{N}$ を得る．この値は感知するに十分な量だということがわかる．

これで，鼓膜への圧力効果の問題は説明されたように見えるだろう．よって，この問題はこれでお終いといえるかもしれない．しかし，最後の式でまだ何か引っかかることがある．すなわち，式 (10.8) から，普通の速度で動いている普通の列車の場合ですら，$v_t/v_s \ll 1$ なので[d]，小さなトンネルでは $|\Delta p|$ は p_0 の値に到達するか，むしろ超えてしまうことすらある！ われわれの仮定の枠内では，狭いトンネルの壁と列車の間の圧力が負になるという，明らかに，あり得ないような結果を得ようとしていたのだ！

さて，われわれはわれわれの公式の価値を台なしにしそうな何かを忘れていただけかもしれない．もし，$\Delta p \sim p$ なら，

$$\frac{v_t}{v_s}\left(\frac{S_0}{S_0 - S_t}\right) \sim 1$$

となるので，ゆえに，

$$v_t\, S_0 \sim v_s\,(S_0 - S_t)$$

となる．

最後の方程式を連続の式 (10.2) と比べると，状況がわかってくる．もし，Δp が p_0 と同程度になったら，列車と狭いトンネルの壁の間を流れる空気の速度は音速と同程度になることがわかる．それは，もはや層流とはいえなくて，滑らかだった流れは乱流になるだろう．

したがって，式 (10.8) を用いる正しい条件は $v_t < v_s$ だけでなく，もっと厳

[d] 航空力学でどこでも見かける速度比 $M = v/v_s$ はオーストリアの物理学者マッハ（Ernest Mach，1838–1916）の名をとってマッハ数とよばれている．

密な式,

$$v_t \ll v_s \left(\frac{S_0 - S_t}{S_0} \right)$$

になる.

実際の列車とトンネルではこの条件がつねに満たされることは明白だ．しかし，式 (10.8) の適用性の限界の研究はありそうもないことに関する数学の演習問題ではない．物理屋は，つねに結果の有効性の限界を理解していなければならない．同時に，それを重大に受け止めねばならない実用上の理由がある．過去数十年，輸送手段に関してまったく新しい形態がしばしば議論されてきた．これには高速列車も含まれる．プロジェクトの一つは強力な超伝導磁石による磁気クッションを開発した．1990 年の初頭までには，*maglev*（**磁気浮上**（magnetic levitation）の略）のプロトタイプが日本で 20 人の乗客を乗せ，7 km のテスト軌道を最大速度 516 km/h で走行することに成功している（訳注：2015 年 4 月 21 日には 603 km/h を JR が記録した）！ 音速のほとんど半分だ．強い磁場で車両は金属のレールから浮いた．そのときの運動の唯一の抵抗は空気力学的な効果だった.

この輸送方法の次のステップは，実行するかどうかは別として，列車を密閉したトンネルに閉じ込めて，真空排気して空気抵抗を排して，走らせるというアイデアだった！ われわれを魅惑するこのアイデアに，ここで考えた問題がいかに関連深いかがわかるだろう．しかし，物理屋や技術者は $v_t \sim v_s$ かつ $S_0 - S_t \ll S_0$ というもっとややこしい事態に直面することになった．そのような条件では空気は層流になり，空気の温度は列車に沿って激しく変化する.

現代科学はこの問題を解決したら，どちらが現れるかという問にまだ答える段階にない．しかし，原理的に，新しい効果が発揮しだすときに，それが重要な要素になることはわれわれの簡単な見積もりですぐにわかる.

ところで，列車に乗っていたら別の物理の問題が浮かんできた.

1. どうして動いている列車からの騒音が，トンネルに入った途端大きくなるのだろうか？

2. 鉄道での2本のレールのうち，北半球ではどちらのレールが早く傷むだろうか？また，南半球ではどうだろうか？

`Let's try!` どうして平行して近くで走る急行列車同士がすれ違うときにスピードを落とすのか？

II 部

台所で物理を語る

第II部では，毎日のお茶やコーヒーから美味しいワインとシャンパンなどの料理，飲みものの準備に，物理の法則がどのように関わっているかお話しする．

00:00
Menu

11章　すべてのはじまりは卵から

なぜなら問題の言葉は:
　すべて正しき信仰をもてる者，己に都合よき方の端を割るべし:
私見によれば，いずれが都合よき端にあたるかは，各人の良心にゆだねるべきこと，もしくはせめて最高権力者の裁量にゆだねるべきであろう．

—ジョナサン・スウイフト
“ガリバー旅行記”［富山太佳夫 訳（岩波書店，*2013*）より抜粋］

字義を述べると，ラテン語の表現 *ab ovo* は“卵から”という意味だ．比喩的に，最も早い段階を示し，物事の起源を意味する．古代文明諸国では，事象の基本的に重要なことを強調するために用いた．こうして，知らず知らずに，彼らは“鶏と卵のどちらが先か”という有名なパラドックスを卵に軍配を上げることで決着した．しかし，この永続する論争はさておき[a]，この，外見ではさほど刺激的でない物体，“鶏の卵”の周辺の多様な物理的な現象を見てみよう．

　誰もが学校の図書館にある“ガリバー旅行記”に出てくる二つの大帝国，リリパット国とブレフスキュ国について知っている通り，前者の皇帝がすべての臣下に卵はとがった方から割るようにとの重罰つきの布告を出したことから，両国は激しい戦争になった．ガリバーはどちらから卵を割るかなどは，（偉大なリリッパット詩人，ラストロッグの信条とも一致しており）たいへん個人的なことだと信じていた．著者たちはその考えを尊重する．しかし好奇心からする

[a]パラドックス好きには，ニコラス・フェレッタ（Nicholas Falletta）による“パラドクシコン（Paradoxicon）”という文集を薦める．

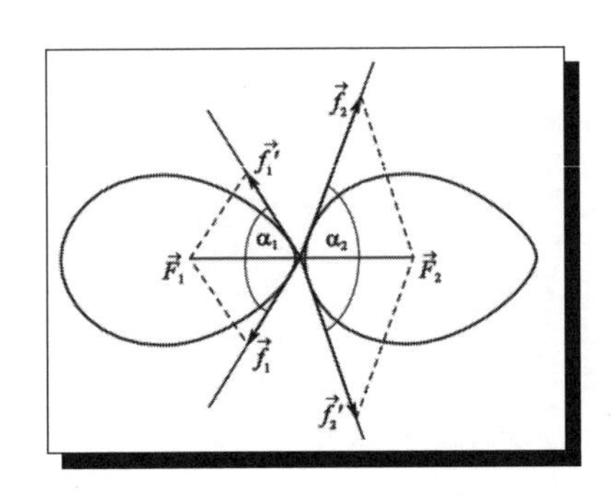

図 11.1　二つの卵は共通の軸に沿って衝突する．

と，どちらから卵を割るほうが**簡単か**を見つけることはほおっておけないことだ．その解はイースターの食卓でしばしば起こる“固茹で卵”の槍の戦争での必勝戦術を教えてくれるに違いない．

敵を攻撃するには，あるいは最初の一撃を与えるには，何が正しい戦術か？大きな方と小さな方のどちらの卵を取るか，卵の丸く太った端ととがった端のどちらの端からたたくか，そんな戦争には主たる戦略的問題がある．いずれにしても，攻撃側が有利だということだ．しかし，もし大きな卵が一様に動くなら，動いている場合と静止している場合の違いはない．卵を割らなくても，それはわかることだ．ガリレオの相対性原理を思い出してほしい．動いている座標系に乗り，一定の速さで動くなら，攻撃者は静止している．この座標系に変えると，自動的に攻守が入れ替わる．

いま，二つの卵の実際の衝突をより詳細に見てみよう．二つの卵がそっくりだとする．すなわち，大きさ，形，殻の強さ（破壊応力 σ_b）が同じであるとする．二つの卵は共通の軸に沿って衝突する．衝突のときは，一つはとがった端，もう一つは太った端でぶつかるとする（図 11.1）．

ニュートンの第三法則によれば，衝突する卵に加わる二つの力 F_1 と F_2 は，同じ強さで反対向きである．この F_1 や F_2 は，衝突面の接線方向を向いている

たくさんの力 f_1, f_1' や f_2, f_2' などの和を表すものとする[b]. 応力の強度, f は二つの接線（訳注を参照）[c]のなす角度で決まり, $f = \frac{F}{2\cos\alpha/2}$ となる. したがって, 角度が大きければ大きいほど, 衝突時に殻に加わる "割られる" 力が大きくなる. 角度は表面の曲率で定義される. 画像は明らかに相手をとがった端でたたくことが, 実際有利だということを証明している. この戦術の別の理由は, 広い端は内側に気泡があるため, さらに弱くなっている（これについて説明を試みよ）.

このように見ると, 先ほどの解析から具体的な戦略がありそうだ. たとえ, 経験を積んだ敵が卵をひっくり返してとがった端をこちらに向けても, あなたはまっすぐではなく, 敵のとがった端のちょっと脇をたたくことで勝利のチャンスを高めることができる. そこでは曲率（注：曲率半径の逆数）は小さくなっており, 変形によるストレスは増大する[d].

おもちゃ屋や土産物店で, "逆立ちゴマ" という奇妙なおもちゃを見つけることがある. それは端を切り落とされたボールの形をしており, 円柱状の棒が切り落とされた平らな端にくっついている. この棒の部分を指でもって回転させ

[b]卵の殻の弾性から, 衝突する卵は互いに小さな, しかし有限の大きさをもった点で触っていることに注意せよ.

[c]訳注：図 11.1 において, ほんのわずか, 双方の卵がつぶれて小円で互いに接触する状況を考える $\overrightarrow{f}'_1, \overrightarrow{f}_1, \overrightarrow{f}'_2, \overrightarrow{f}_2$ は, その小円上での二つの卵の接線の向きを示している. その小円上の応応力の強度は, $f = F/2\cos(\alpha/2)$ で決まり α が大きい方が分母が小さくなるので, f が大きくなる. したがって右の卵にかかる応力が左の卵にかかる応力より大きい. 右に対する左にかかる応力の比は小円が大きくなるほど大きく発達する. 言い換えると, 何らかのきっかけまたは摂動によって, 無限小でもひとまず小円ができさえすれば, 小円がますます成長するということであり, 触っただけの状況は不安定平衡点であるといえる.

[d]物理的に, テーブル上の卵の殻と深海での潜水艦の金属殻とは同じ様式で衝突する. 一方, 数学的には, 圧縮された殻の応力は石けんの泡の壁での張力に似たように分布する. この類似から臨界圧力 P_c を殻の曲率 R と結びつけられるので, ラプラスの公式（3 章を見よ）,

$$P_c = \frac{2\sigma_b}{R}$$

を単純に適用できる. ここで, 臨界応力 σ_b は殻の強度を特徴づける. こうして, 卵を割るための圧力は, たたく端の曲率に反比例することになる.

ると，丸い部分の頭は奇妙な振舞いをする．しばらくすると，上下が逆になって，棒の部分が下になって回転を続けるのである．明らかに，そのような空中回転で位置エネルギーは上昇する！ ずっと以前，この風変わりな振舞いはトムソン（W. Thomson）[e]によって説明されたことから，ときおり，このおもちゃはトムソンの回転頭（Thomson's spinning top）とよばれる．

普通の固茹で卵もトムソンの回転頭と同じような振舞いをすることがある．平らで固い滑らかな油布の上で，卵をできるだけ速く回転させてみよう．数回転するうちに，卵は端を下にした垂直軸のまわりで回転を始める！ 摩擦で回転が少し落ちるだけで，卵は脇から脇に回転し，最終的には脇を下にする．これを成功させるためには**固茹での**卵を使う必要がある．半熟卵ではだめだ．理由は液体状の卵黄と白身のあいだや白身と卵の殻のあいだの摩擦が回転を落とし，卵が角運動量を失うからである．逆にこの動きの違いの区別が，卵が固茹でか，半熟かを判定する方法になる．半熟卵を回転させると，2 回転もすれば止まるが，固茹での場合は回転はずっと長く持続する．

ここで，茹で卵のうんちく談義の進みついでに，卵に熱が加えられているとき卵自身に何が起こっているか，もっと詳しく見てみよう．卵が割れないようにとか（電子レンジのなかで）破裂しないようにするには，例えば，何をすべきか？ 卵を柔らかく茹でるには，あるいは固くなりすぎないようにするには火をいつ止めたらよいのだろうか？どうして，熟練したコックは卵を塩水で茹でるのか？詳しい料理本ですら答は簡単には見つからない．

本質的には，卵を茹でる過程や食品を熱加工する（フライにしたり，焼いたりするなど）たくさんの方法はたんぱく質の変性の基本的な過程に基づいている．高温ではこのような複雑な有機分子は破片になって壊れてしまい，分子の形や空間構造も変わる．変性はおそらく化学物質や酵素などを含むたくさんの要素に起因しているだろう．非有機物は一定の圧力では融解や沸騰のような相

---

[e] p.22 の脚注を見よ．

転移温度の正確な値を操作できるが，それと違って，たんぱく質のように複雑な有機物の変性はそれほど単純ではない．しかし，例えば，卵の回転のしやすさを調べることによりたんぱく質の状態を判断することができる[f]．熱の流量をうまく調整しながら卵を茹でると，卵白は68°Cで，卵黄はすでに63 ~ 65°Cで，変性し始めていることがわかる．たんぱく質の変性が突然ではなくゆっくり起こることから，これらの温度をはっきり決めようとすることは意味がない．変性温度は卵の塩分や，鮮度，何層焼きかに依存する．

さて，われわれの多くが朝食に食べるような柔らかく茹でた卵の存在をどのように説明できるだろうか？ 卵を沸騰したお湯に入れると熱の等温前線は中に向かって進む．しかし，卵白が高温で変性しても，どうして変性温度が低いはずの卵黄が液体のまま残るのだろうか？

物理的には，卵をお湯に入れた瞬間，殻から中心部に向かう熱流が起こる．もっとも一般的な形の熱伝導の問題は長年，数理物理の範疇であった．かくして，特定の卵を茹でるのに必要な時間の決定には，卵黄と卵白の熱伝導度，熱容量，密度と卵の幾何学的な大きさを知る必要がある．

上記のようなパラドックスを解決するために，“熱前線”が卵の中を伝わる早さを見積もってみよう．簡単のために，卵の表面を平らで，高さLで底の面積がSの円筒として考える．時間tのあいだに，円筒の温度がΔTだけ変化すると仮定すると，対応する卵の中への熱流qを計算できる．計算に必要な量は，フィック（Fick）の法則に従い，媒体（いまの場合，卵白）の熱伝導度κ，円筒の底面での温度差ΔTと高さLであり，

$$q = \kappa \frac{\Delta T}{L}$$

となる．反対側からの熱流qはtの時間の間に面積Sを通り抜ける熱量$\Delta Q =$

[f]アコウシェ，アイサット，マダニ（Z. Akkouche，L. Aissat，K. Madani）“卵白のたんぱく質に対する熱の効果”［応用生活科学に関する国際会議議事録（ICALS2012）トルコ，2012年9月10日-12日 p.407］を見よ．

$cm\Delta T$ として決定でき，

$$q = \frac{\Delta Q}{St} = \frac{cm\Delta T}{St} = \frac{c\rho L\Delta T}{t}$$

となる．ここで c と ρ はそれぞれ卵白の熱容量と密度である．これらを等しいとおくと，

$$L(t) = \sqrt{\chi t}$$

を得る．ここで，$\chi = \kappa/c\rho$ は温度の伝搬係数である．温度は冷たい媒体に時間の平方根で "侵入する"．こうして，卵白に関する必要な値，

$$\kappa = 0.56\,\mathrm{W/m\cdot K};\quad c = 3.14\,\mathrm{kJ/kg\cdot K};\quad \rho = 1040\,\mathrm{kg/m^3}$$

を得る．そして対応する温度の伝搬係数は $\chi = 1.8\cdot 10^{-7}\,\mathrm{m^2/s}$ となる．こうして，100° C の温度前線が 5 分程度の料理時間に卵の中へ $L \approx 0.7\,\mathrm{cm}$ 程度進むことになる．すなわち，卵白はその体積にわたって変性する温度（68°C）を超えるまでになるが，卵黄の温度は変性する温度より低いまま留まる．

楕円の卵の正確な料理時間は英国の物理学者，バーラム（Peter Barham）が算出した．彼の本 "料理の科学（The science of cooking)" では，彼は，料理時間 t（分）を水の沸点（T_b），卵の小径 d（cm）（図 11.2），卵黄の初期温度（T_0）と目標最終温度（T_f）に関連づける公式，

$$t = 0.15d^2 \log 2\frac{(T_b - T_0)}{(T_b - T_f)}$$

を導いている．ここで log は自然対数である．

標準的な条件では（通常それは海抜ゼロでの常圧を指す)，お湯の沸点は $T_b =$ 100°C である（表 13.1 を見よ）．ゆえに，バーラムの公式によれば，短径が $d = 4\,\mathrm{cm}$ の典型的な卵を，柔らかく（$T_f = 63$°C）外側から茹でるのに必要な時間は，3 分 56 秒になる（$T_0 = 5$°C）．より大きい（$d = 6\,\mathrm{cm}$）ものは 2 倍の

図 11.2 卵の小径を測っているところ．

8分50秒かかる[g]．

この公式は高地では料理時間を延長しなければならないことを示している．このことは132ページでも触れている．ゆえに，海抜ゼロの条件で書かれた本での時間は，アルプスでの料理ではしかるべく延長する必要がある．例えば高度5,000 mでは水は＝88°Cで沸騰する．ゆえに半熟卵を作るのに海抜ゼロ地点では3分56秒のところ4分32秒を要する．

卵白と卵黄の変性温度のわずかな違いを利用して，日本の温泉地では“温泉卵”というヨーロッパ料理にはないようなものを作っていることを記しておきたい．温泉卵はきわめてゆっくり65°Cくらいで茹でる．できた食べものは真ん中の卵黄が硬く，まわりの卵白が柔らかい卵だ．この違いは料理の温度管理にある．これは低温でゆっくり温める方法で作る（通常の方法は高温で速い）．“温泉卵”というものは日本中の温泉地域で有名だが日常生活では日本でもあま

---

[g] もちろん，料理は精密科学ではないので，時間がたつとこの見積もりから若干はずれることだろう．

り見られないものだ[h].

ここで，卵を茹でるとき，水に塩を加える効果を議論しよう．新鮮な卵の密度は純水より大きい．したがって，塩なしの水のなかでは卵は鍋の底に沈む．沸騰水の乱流は卵をもち上げ，鍋の底や壁に衝突させ，殻を割ってしまうこともある[i]．白いものが割れ目から浸み出し，膨らんでいく．そうなったら，この料理はお終いだ！ しかし，茹で水に半さじの塩を加えるだけでうまく料理できる．それで“大災害”はひとまず回避だ．塩は卵白の変性を促進させる．凝結した卵白はコルク栓のごとく，漏れをふさぐのだ．

最後に，卵が茹であがったら，お湯からスプーンですくい出し，濡れているうちに触ってみよう．実際，ものすごく熱いが，手にもつのは可能だろう．殻が乾いていくと，殻は固くなる．そうこうしているうちに，卵は完全に乾き，むしろ熱くてもてなくなる．どうしてだろう？

この質問に答えたあとは，卵から殻を外してみよう．殻はあちこちで卵白にくっついていることがわかるだろう．茹でたての卵を冷水に浸すとこれが避けられるかもしれない．殻と固くなった卵白では熱膨張が異なり卵白のほうが速く縮んで殻から離れる現象が起こる．

こうして，力学，流体力学，分子物理の法則で普通の卵の振舞いが説明できることを記した．しかし，加えて電気的な現象を考えてみよう．卵が電子レンジで温められるとどのように爆発するのだろうか．これは卵が電磁場で急速に暖められたことで起きることだ．もう少し危険性 (hazardous)[j]の少ない別の電

---

[h]日本語版作成にあたり多大な改稿に訳者を超えた貢献をしてくれた村田教授に，半熟卵に関するこの章の間違いを温泉卵の紹介とともに，正してくれたことに，著者（AV）は深く感謝する．この日本語訳前の最新英語版では，問題を間違って扱っている．それは，卵白と卵黄の変性温度について著者が間違った値を用いたことから起こったものである．

[i]卵の中の空洞からもっと危険なことが起こることもある．太い側の底にできた突き穴から空気を押し出せば，割れを妨げる．

[j]英語雑学：英単語でスペリングが“dous”で終わる単語はおそらくあと三つしかない．それらは毎日の会話では普通に用いられている．捜してみよ！—*D. Z.*

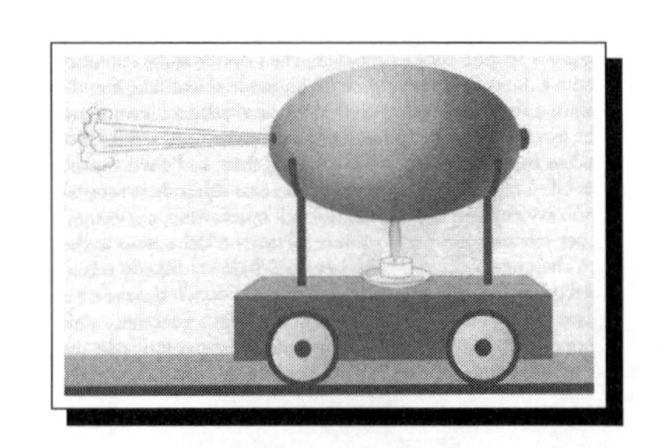

図 **11.3** 卵で推進されたジェット車両.

気的な現象をわれわれの“主人公（卵)”の助けで，見ることができる．卵の殻は誘電体だ．この性質を静電気のデモに使ったファラデー（Michael Faraday）の流儀に従おう．

新鮮な卵を取り出し，端に二つの穴を開ける．一つは他方よりわずかに大きなものとする．次に長い針を穴から通して卵黄に傷をつけ，中身が液体になるまでかき混ぜる．ここで小さな穴から息を吹き込むと，液体は流れ出て殻だけが残る．洗って乾かして，準備完了だ！

これに帯電した物体を近づけてみよ．例えば乾いた髪をすいたばかりのくしとか，乾いたウールの生地にこすったエボナイト棒でもよい．静電気力は空の殻を引きつけ，忠犬が主人に従うように，くしのあとについていくだろう．

そんな遊びを終えたら，空の殻を小さなジェットエンジンに変えることができる．大きな方の穴をチューインガムでふさぎ（本格的な実験屋なら何を用いてもよいが)，水を半分ほど満たす[k]．この水だめを車つきの軽い入れものに入れて，図 11.3 のように置く．最後に殻の下に固形燃料を置いて火をつける．瞬く間に水は沸騰し，水蒸気が小さな方の穴から吹き出す．ジェット推進の原理によれば，これによって車は反対方向に走り出す．

われわれはこれまで固茹でから生卵に至るまでどのように理解すればよいか

---

[k]必要なら穴をふさぐのと水を入れる順序を入れ替えてもよい．

図 11.4　卵が古くなると，浮きやすくなる．

論じてきた．しかし，卵が新鮮か腐っているかを卵を割らずに判定することができるだろうか？ もちろん，イエスだ．卵を水を入れたコップに入れてみよ（図 11.4）．

数日前の卵はすぐ底に沈む．数週間前の卵は垂直になるが，表面まで浮かんでこない．古い卵（例えば3週間，あるいはもっと古い卵）は表面に浮かんで，つついても浮かんだままだ．卵は“古くなり”，卵白も卵黄も質が落ちて乾いてくるからだ．実際は，ガス（硫化水素）が発生している．ガスの一部は，わずかな水とともに，殻の小さな穴から逃げていき，残りは中に残る．これらの過程で卵は質量を減らすが，体積は不変だ．結果として卵は浮きのようになる．

卵の鮮度を見分けるこの方法の現実問題としての困難は，卵を買いに行くとき，水入りバケツを持参することは少々ためらわれることだ．もっと単純な方法は，明るい光で卵を透かして見る方法だ．もし卵が透き通るようだったら，おそらく新鮮だ．そうでなければ腐っているに違いない．腐った卵が不透明なのは硫化水素のせいだ．その昔，八百屋で卵を見分ける**透視鏡**とよばれる特別な小道具すらあった．それは卵型の穴がある棚と棚板の下から光が出て，卵が透明かどうか見分けられるしかけになっていた．

最後に卵にまつわるちょっとした遊びに触れてこの章を閉じよう．読者はこのエレガントな妙技を試すことになるだろう．隣同士に二つのエッグスタンドを置き，片方に固茹での卵を置く．エッグスタンドの内壁と卵の隙間に強く息を吹きかけてみよう．卵はジャンプして，隣のエッグスタンドに飛び移るだろう．何回か試みて，成功したら，どうしてこんなことができるのか説明してみよ．

Let's try!　卵殻ジェットエンジン上のガム製の栓はどうして融けないのだろうか？

12章　マカロニ，スパゲッティと物理学

もしナルキッソスが花になるなら，
私はマカロニになりたい．

—フェリッポ・スグルテンディオ[a]

誰でもスパゲッティを知っているだろうし，読者の多くは家で料理もしただろう．しかし，（イタリア料理の標準的な方法で）スパゲッティが鍋で料理されたり，“パスタ”が正しく茹でられる物理的過程をいままで考えてみた読者はいるだろうか? スパゲッティが沸騰しているお湯に浮かんでいるとき，スパゲッティの中で何が起きているか考えてみたことがあるだろうか? どうしていつもスパゲッティの袋に書いてある能書き通りの茹で時間を守らねばならないのだろうか? パスタの種類が変わるとどうして茹で時間が変わるのだろうか? 茹で時間がどうしてパスタの形状（径の異なる伝統的なスパゲッティ，リガトーニ，ブカティーニなど）によるのだろうか? 料理時間は場所によるだろうか? 海岸，高地の，どちらで茹でるのか? 料理前の棒状スパゲッティを曲げたとき，どうして二つの破片にならずに三つか四つの破片になるのか? 棒状スパゲッティが料理中にどうしてくっついて結び目を作ったりしないのか? もしソースがすでにあって，温かく美味しい料理にするには，どんなタイプのパスタを選べばよい

---

[a]フィリッポ・スグルテンディオ（Fellippo Sgruttendio），18 世紀のナポリの詩人．ナルキッソスはギリシャ神話で泉に映った自分の姿に恋い焦がれて死に，スイセンの花と化した美少年．

のか？[b]

以下でわれわれはスパゲッティの調理過程の物理を理解し，心を込めたパスタが鍋の中で茹で上がるのを待つあいだに発生した種々の疑問に答を見つけよう．

12.1　パスタの歴史と製法のあらまし

パスタはマルコ・ポーロが1295年に中国から西欧にもたらしたといわれているが，そうではない．実際，地中海沿岸で，ずっと以前からその歴史は始まっている．先史時代の人類は放浪の生活をやめ，定住し，穀物の栽培を始めている．旧約聖書の（**創世記**と**王達**）では，熱い石の上で最初の平たいケーキが焼かれたと書かれている．紀元前0~1000年紀にはギリシャ人がパスタを作っており，"**ラガノン**（laganon)" と名づけられた．この名前が古代ローマに来て，"**ラガヌム**（laganum)" の形になり，それがおそらく "**ラザニア**（Lasagna)" の語源になったものと思われる．

エトルリア人たちも同じく，パスタの薄い生地を保存していた．ローマ帝国の拡大につれ，パスタは西欧世界に広まった．穀物保存法としてのパスタへの信頼性がわかり，民族大移動の時期には食物輸送する手段として重宝されるようになった．シチリアでは，10世紀にアラブ人によって島が征服されたときに，パスタがもたらされた．"**トリエ**（trie)" とよばれるシチリアのパスタはスパゲッティの祖先だろう．それは細いひも状で，(平らなケーキをひも状に切るという意の）アラブの単語 "**イトリア**（Itryah)" に由来するものだろう．パレルモに住む人々は1000~2000年紀にパスタを作り始めた．ジェノバの公証人ウグリノ・スカルパによって検認され，詳述された遺書によれば，1280年までにはマカロニ

[b]訳注：細長い棒状タイプは，直径2 mm 前後のスパゲッティを標準に，それより細いものがベルミチェッリ（バーミセリ)，スパゲッティより太いものはブカティーニ，マカロニ，リガトーニの順に太くなる．ほとんどが内部が空洞になっている．

製品はリグリア (Liguria) ですでに消費されていたと断言できる．イタリア文学の歴史をみても，パスタは多くの作家の注目を引いていた．その中には，ヤコポーネ・ダ・トディ (Jacopone da Todi)，チェッコ・アンジョリエーリ (Cecco Angiolieri) やフェリッポ・スグルテンディオ (Felippo Sgruttendio) のような名を挙げられる．結局，ボッカチオ (Boccaccio) の**デカメロン** (Decameron) ではマカロニは究極のグルメ食品のシンボルになった．

パスタメーカーの最初のギルド (“**パスタイ** (Pastai)”) は彼らの憲章によれば，16 世紀に創設され，政治的，社会的な認知を受けた．当時，マカロニは特にデュラム小麦 (すなわちナポリ (Naples)) を栽培していないような田舎では金持ちの食品と見なされていた．機械的な圧縮の発明は生産コストを，ひいては製品の価格も押し下げた．結果として，17 世紀までにはパスタはすべての社会階層に消費される主要な食物になった．いまでは，地中海盆地のすべての国に広まっている．ナポリはパスタの製造と輸出の中心地の一つになった．そして，バジルトマトソース，あるいはすりおろしたチーズを振りかけたパスタはあらゆる街角で売られるようになった．北イタリアではパスタは 18 世紀の末に広まった．これはパルマに小さな工場を作ったバリラ (Pietro Barilla) による．彼は後にイタリアの食品製造業界では重きをなした．

パスタの最新の製法は (穴を通しての) 押し出しと引っ張り法が基本だ．押し出し法は特定の形の断面をもつ長い金属部品の製造者が最初に発明した (図 12.1)．押し出し過程は物質の流動性を利用して数段にわたる加圧によって硬いダイスを通る押し出しが基本になっている．それは冷温いずれの条件でもうまくいくはずだ．引き抜き過程は押し出し過程と似ているが，引き抜く場合の唯一の違いは，圧縮過程ではなく引っ張り過程だということだ．この方法は金属加工工場でシリンダー (円筒)，線材，パイプ製造のときに用いられる．その方法で直径 0.025 mm まで小さくできる[c]．別の物質も押し出し成型が可能だ．ポリマー

[c]訳注：材質にもよるが，0.010 mm の金線，白金線が市販されている．

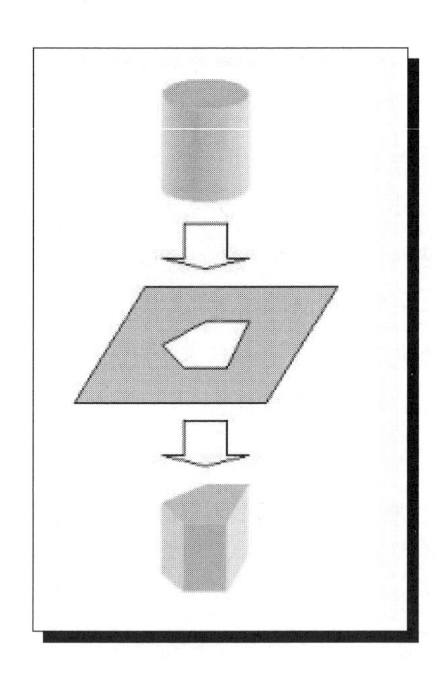

図 12.1　押し出し成型は流動性と圧縮による固いダイスを通り抜ける物質の連続した押しに基づいている．

物質，セラミック物質，そして食品．スパゲッティを作るときに用いられるダイスを図 12.2 に示した．

12.2　スパゲッティの科学的料理方法

話を始める前に，パスタ料理の過程で何が関わっているのか理解しておこう．小麦粉の中には澱粉の分子が，直径 10~30 マイクロメートルの顆粒状に固まり，それが別のたんぱく質で囲まれる．パスタの製造過程ではグリアディンとグルテニンという二つの物質が水と結合し，混合して，**グルテン**とよばれる連続した網を形成し，それによって丈夫になり水分子を通さなくなる．この網は澱粉

図 12.2 スパゲッティ用のダイス．

の顆粒を覆う．料理時間は澱粉分子が水を吸収する容量に直接関係する（澱粉分子はパスタの乾燥過程でグルテンに囲まれている）．パスタを沸騰水の鍋に入れた直後から，水はグルテンの網目を浸透し始め，スパゲッティの中心に向かって拡散していく．およそ $T_{\mathrm{g}} = 70°\mathrm{C}$ の温度で，澱粉分子はジェル（ゲル）のような物質を形成し始め，それが水の吸収を妨げる．パスタ内のジェル状の澱粉が最小限の水を吸収したときから柔らかくなり，スパゲッティは“アルデンテ”の茹で上がりになる．このため，パスタを料理するためには，熱いお湯を最初は乾いたスパゲッティに注がねばならない[d]．

以上の議論の結果，物理屋はパスタの料理過程を単純なモデルに定式化できる．直径 d と沸騰水（海面レベルでは $T_{\mathrm{b}} = 100°\mathrm{C}$ で起こる）中での拡散係数 $\mathcal{D}$ をもった一様な円筒（スパゲッティ）を考える．水は拡散によってどの程度の時間 τ_0 で，スパゲッティの中心に到達するだろうか? [e]

---

[d]訳注：アルデンテ（イタリア語：al dente）とは，スパゲッティなどのパスタを茹でるときの理想的な茹で上がり状態の目安とされる表現．好みの歯ごたえに茹でるの意．

[e]ここでは最初の冷たいスパゲッティのせいで水温が下がることを無視する．熱伝導の過程は拡散より速く，いかなる場合も，同じ形式の方程式で記述できる．

拡散過程は偏微分を使った複雑な微分方程式，

$$\frac{\partial n(\boldsymbol{r},t)}{\partial t} = -\mathcal{D}\frac{\partial^2 n(\boldsymbol{r},t)}{\partial \boldsymbol{r}^2} \tag{12.1}$$

で記述される．ここで，$n(\boldsymbol{r},t)$ は時刻 t，位置 $\boldsymbol{r}=(x,y,z)$ での水の密度である．外部温度 T_{b} を一定にしたのは，円筒の表面温度がいつでも T_{b} と同じとしたからだ．一方，時刻 τ_0 は水の濃度が n_0 に達したときに対応している．

原理的に，式 (12.1) は正確な解をもつ．しかし，読者が微分方程式の理論に慣れていないことを仮定し，どうやって τ_0 に対して必要な公式を得るか，次元解析から示す．式 (12.1) を見てみよう．左辺と右辺の次元を比べると，

$$\frac{[n]}{[t]} = [\mathcal{D}]\frac{[n]}{[r]^2} \tag{12.2}$$

または，

$$[t] = [\mathcal{D}]^{-1}[r]^2 \tag{12.3}$$

となる．議論に現れる唯一の物理量は長さであり，長さとはここでは円筒の直径 d である．拡散係数 $\mathcal{D}$ の次元は m^2/s であり，式 (12.3) の右辺では $\mathcal{D}$ の他には時間の次元をもち込むような因子はない．こうして，τ_0 に対して要求される表現での拡散係数は $\mathcal{D}^{-1}$ の形で入ってこざるをえない．その結果，直径 d は τ_0 には d^2 の形，

$$\tau_0 = ad^2 \tag{12.4}$$

で現れる．係数 a は拡散係数の逆数の次元をもっている．それは主として $\mathcal{D}$ の値で決まる．しかし同時に温度の無次元の比，$T_{\mathrm{b}}/T_{\mathrm{g}}$ に依存する[f]．澱粉のジェル化の温度 T_{g} は一定だが，一方，沸点 T_{b} は海抜 H に依存する．その結果，係数 $a=a(H)$，そして料理時間 $\tau_{\mathrm{sp}}=\tau_{\mathrm{sp}}(H)$ も H に依存する．仕込んでから

[f]前の脚注で述べたように，円筒の熱伝導を無視して，お湯の拡散だけを考えている．そのため，スパゲッティの最初の温度，すなわち室温は関係なくなる．

の推奨料理時間は海抜に対応する．ここに，$T_b = 100°C$ である．水が低い温度で沸騰するような高地では，料理時間は長くなる．極端な場合で，標高 8,848 m のエベレストでは $T_b = 73°C$ になり，それは T_g に近くなり，パスタがまったく茹で上がらない．

われわれは水がスパゲッティの中心部まで到達する時間を計算できた．次に，パスタをよく食べる人の国民性を考慮して，あるいはスパゲッティを "アルデンテ" か，"十分茹でたもの" かを選ぶ自由を与えるために，最終的な公式 τ_{sp} に b を加え，

$$\tau_{sp} = ad^2 + b \tag{12.5}$$

とする．実際，式 (12.5) の第 1 項はお湯がスパゲッティの中心部まで浸透する時間を決め，第 2 項は澱粉がどの程度ジェル的な物質になったかを語る．それが "アルデンテ" のスパゲッティを好むイタリア人に，どうして澱粉のジェル化の過程がスパゲッティの全体に行きわたらないのかを語っている（これがアルデンテを好むイタリア人の知りたいところであろう）．スパゲッティの核は比較的硬いまま残る．その結果，係数 b は負になる．他民族でスパゲッティを食べる人たちはパスタはよく茹でるべきだと信じていて，イタリアンスパゲッティの詰め袋の能書きに書いてある時間よりはるかに長い時間[g]茹でることがある．

実際，スーパーマーケットに行って，円柱状で太さの異なるあらゆる種類の

[g] スパゲッティの茹で時間 τ_{sp} に関して得られた結果は，よく知られたフィックの法則の特別な場合であることを示している．フィックの法則は球対称な物体の茹で時間は，質量を M として，

$$t_c \sim M^{2/3}$$

で表される．対称的な物質とは例えば感謝祭の七面鳥の肉片のようなものだ．事実，式 (12.1) は拡散方程式の次元解析で研究された．後半は熱伝導の方程式と同じ形をしている（拡散係数を熱伝導度で局所密度を局所温度でおき換える）．そのような解析は球状に対称な物体に適用でき，フィックの法則で与える茹で時間と同じ結果，

$$\tau_c \sim d^2 \sim M^{2/3}$$

を与える．

表 12.1 種々のパスタの茹で時間（実験値）.

パスタの種別	外径 /内径（mm）	茹で時間 実験値（分）
カペリーニ #1	1.15/-	3
スパゲッティーニ #3	1.45/-	5
スパゲッティ #5	1.75/-	8
ベルミチェリーニ #7	1.90/-	11
ベルミチェリーニ #8	2.10/-	13
ブカティーニ	2.70/1	8

パスタを買ってみよう．カペリーニ，スパゲッティーニ，スパゲッティ，ベルミチェリーニ，ブカティーニなど．推奨茹で時間を読んで，“実験による茹で時間” の欄にまとめてみたのが表 12.1 である．次にノギスをもってきて，それぞれの直径を測定し，同じ表の “外径/内径” の欄を埋めてみよう．

係数 a と b の数値を見つけるためには，表 12.1 の上のうちの 2 例の値を用いて方程式 (12.5) を書き，それを解くだけで十分であり，

$$\begin{aligned} t_1 &= ad_1^2 + b \\ t_2 &= ad_2^2 + b \end{aligned} \tag{12.6}$$

となる．参考のために，スパゲッティーニ #3 と ベルミチェリーニ #8 のデータを選ぶ．これは，

$$a = \frac{t_2 - t_1}{d_2^2 - d_1^2} = 3.4\,\text{分}/\text{mm}^2$$

$$b = \frac{d_2^2 t_1 - d_1^2 t_2}{d_2^2 - d_1^2} = -2.3\,\text{分}$$

を与える．われわれはイタリアンパスタを買った．そしてパッケージに書いて

表 12.2　種々のパスタの茹で時間（理論値）

パスタの種別	茹でる時間 実験値（分）	茹でる時間 理論値（分）
カペリーニ# 1	3	2.2
スパゲッティーニ # 3	5	5.0
スパゲッティ # 5	8	8.1
ベルミチェリーニ # 7	11	10.0
ベルミチェリーニ # 8	13	13.0
ブカティーニ	8	22.5！

ある“パスタ・アルデンテ”を得るための推奨茹で時間がわかった．結局，イタリア人向きの係数 b は実際に負であることがわかる．

係数 a と b に具体的な数値が得られたので，われわれの公式が他の円筒状のパスタにどのように適用されるか確かめることができる．計算結果を表 12.2 に示したが，カペリーニ とブカティーニのような両極限的場合を除き，実験結果とたいへんよい一致を示すことがわかる．

これは理論物理学の典型的な状況である．理論の予言はこの理論を作るために仮定した単純化に相応した限界がある．例えば，最後の行のみ，ブカティーニでは理論値と実験値の違いは著しい，22.5 分に対し 8 分である．この矛盾は重要な事実を反映している．全区間が円筒型である多様なパスタ（カペリーニ，スパゲッティ，ベルミチェリーニ）の可能な厚さの範囲はたいへん狭く 1 mm だけである．事実，ブカティーニに関する計算では一様な円筒とした場合での“アルデンテ”では 22.5 分と答が出るが，そうすれば，“スパゲトーネ”のような厚い皮をどろどろに茹でてお粥みたいにしてしまうだろう．

そのような厚いパスタを食べられるようにする方法は経験的にわかっている．パスタの軸に沿ってに穴を開けるのだ．茹でる過程で水がこの穴に入り，外から中心まで茹でるために水を供給する必要はなくなる．公式 (12.5) を修正して外径から内径分だけ減じてみれば，理論的な結果が実際の値，

$$t = a\,(d_{\mathrm{ext}} - d_{\mathrm{int}})^2 + b \approx 7.5\,\text{分}$$

に近づく．しかし，パスタの中の穴は $\sim 1\,\mathrm{mm}$ 以下にしてはいけないことを心しておくべきだ．そうしないと，細管の圧力が，

$$P_{\mathrm{cap}} = \frac{4\sigma\,(T = 100°\mathrm{C})}{d_{\mathrm{int}}} \sim 200\,\mathrm{Pa}$$

になるので，水が穴の中に入っていかない．200 Pa の圧力は，茹でているパスタの上 2 cm の水圧に相当する．

理論が現実からずれる別の例はたいへん薄いパスタの場合だ．この誤差のでる理由は明らかだ．“アルデンテ” にパスタを茹でるなら，われわれはパラメーター b を負の値 $b = -2.3$ 分に選ぶ．形式的には，これは “アルデンテ” で食するならまったく茹でる必要がない薄いパスタがあることを意味する．その臨界直径 d_{cr} は次の関係式，

$$\tau_{\mathrm{cr}} = a d_{\mathrm{cr}}^2 + b = 0$$

から決められる．これは，

$$d_{\mathrm{cr}} = \sqrt{|b|/a} \approx 0.82\,\mathrm{mm}$$

を与える．カペリーニの実際の直径（1.15 mm）はこの臨界直径の値からあまり離れていない．ゆえに表 12.1 にあるカペリーニに関する低めの見積もりはこのモデルの限界のためである．

12.3　スパゲッティの結び目

スパゲッティの糸たちが互いに絡んでお湯の中で糸玉を作ることがある．しかし，著者は糸たち自身が単独で勝手に結び目ができたところを見たことがない．どうしてこれが起こらないかという理由は統計力学の新しい分野から学ぶことができる．ポリマーの統計力学だ．

長いポリマー鎖が単独で結び目ができる可能性は次の式で決まる[h]．

$$w = 1 - \exp\left(-\frac{L}{\gamma\xi}\right)$$

ここで L はポリマーの全長，ξ はポリマーが $\pi/2$ だけ向きを変える特徴的な長さ，そして $\gamma \approx 300$ は大きな因子であるが，ある理論モデルでの数値モデルから得られた値である．この公式を $\xi \approx 3\,\mathrm{cm}$ のスパゲッティに当てはめてみると，勝手に結び目ができることがあらわになる長さ $L_{\min}$ を見つけることができ，$w \sim 0.1$ となり，

$$\exp\left(-\frac{L_{\min}}{\gamma\xi}\right) \approx 0.9$$

を得る．これは，

$$L_{\min} \approx \gamma\xi \ln 1.1 \approx 30\xi \approx 1\,\mathrm{m}$$

を与える．スパゲッティの長さ $23\,\mathrm{cm}$ は勝手に結び目ができるには十分ではないことがわかる．

12.4　乾燥スパゲッティを折る

この章の初めで，われわれはスパゲッティが機械的に折れるときの別の話題に触れた．スパゲッティの両端をもって弓のように曲げ，徐々に強く曲げていっ

[h] A.V. はグロスベルグ（A.Y. Grosberg）に結び目の理論を紹介してくれたことに感謝する．

てみよう．多くの人は，遅かれ早かれ真ん中で二つに割れると考えるだろう．しかし，この推理は正しくない．ほとんどの場合，三つかそれ以上に割れる．

このような通常でないスパゲッティの振る舞いはたくさんの科学者の注意をひいた．ファインマン（Richard Feynman）もその一人だ．しかし，ほんの少し前の 2005 年に，フランスの物理学者オドリ（Audoly）とネーキルヒ（Neukirch）によってようやくこの現象が定量的に記述された．

彼らは薄くてしなやかな変形の効果の条件下での弾性的な棒の振る舞いを研究した．彼らは曲がった棒での（キルヒホフの方程式とよばれている）張力の分布の微分方程式を記述した．最初に両端を固定したあと，片方の端を放したときに起こる，棒に沿った瞬時の張力の分布がどうなるか調べた．数値解しか得られなかったが，スパゲッティが折れる過程の本質の理解に役立った．定性的には，説明は以下のようになる．

加えられた機械的ストレスのために第一の折れが棒のどこか弱いところで起こるとしよう．二つに折れたあと，棒の二つの部分が平衡位置に戻ろうとするように見える．しかし平衡状態への転移は単純ではない方法で起こることは事実だ．最初に二つに折れるとき，両方の棒の破片に曲がりの波が起きて，それぞれの棒に沿って進行する．明らかに，最初の破断によって引き起こされたこの種の曲がりの波は時間とともにしだいに減衰する．しかし，棒の長さの弾性係数に対する決まった比で起こり，波の進行は次の破断を引き起こす．事実，そのような波の進行は周期的な波の発達と，棒に沿った局所的な曲がりストレスの減少を意味する．曲がりの波はすでに存在していた一様な曲がりの背景で進行していることを述べておくことは重要であろう．一様な曲がりは曲がりの波の周期よりずっとゆっくり緩和する．この二つの準静的で力学的なストレスから，臨界値を超えたような別の点でもっと細かい分解が起こる．研究者によって，スパゲッティが折れる場面を高速度カメラで収録することで，込み入った計算をした理論的な結論が検証されたことは特記すべきことである（図 12.3）．

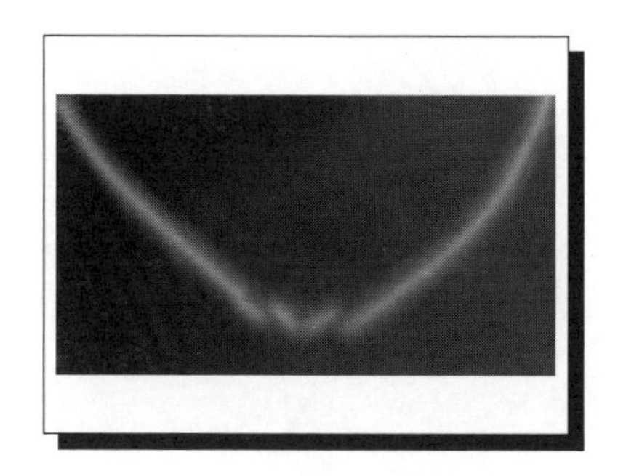

図 12.3　乾燥スパゲッティが折れるところの瞬間写真.

スパゲッティが茹でられているとき, 茹でられずに残っている乾いたスパゲッティを用いてオドリとノイキルヒの発見を追試するようないくつかの遊びをすることができる[i].

[i]訳注：Audoly と Neukirch の二つの名前でインターネットで検索すると動画を見ることができる.

13章　湯が沸騰する音はどこから？

アリスにはようやくわかった.
“お茶道具がこんなにたくさんここにあるのはそういうわけなのね?”— と，彼女が尋ねた.
“はい，その通り”，—ハッターはため息交じりに応えた.
“いつもティータイムで，洗う時間はないんです.”
—ルイス・キャロル（Lewis Carroll），“不思議の国のアリス”

茶道について長く詳細に記述した分厚い東洋の文献がある．しかし，それはそれとして，型破りな沸騰過程をちらっと見ただけで，触発されるような物理現象がたくさん見つかる．それらは敬虔な料理本にも載っていない．

手始めに，次の実験をやってみよう．二つの同じやかんを用意する．それぞれに同量の水を入れる．最初の温度は同じとする．二つを同じ火力のバーナーで温める．一つのやかんにはふたをして，もう一つのやかんのふたは外しておく．どちらが先に沸騰するだろうか? どんな主婦でも（主婦を無知だといっているつもりはまったくないが）ふたつきやかんが先だと即座に正しい答を出すだろう．まあ，この命題に簡単に答を与えないで，まずそれを実験的に検証してみよう．そして，実際の水が沸騰し始めるまで待ってみよう．そして，観察結果をあとで議論しよう．

二つのやかんが熱くなるまでのあいだ，さらに別の同じやかんを第三のバーナーにかけよう．水量や最初の温度，バーナーの火力は先の二つのやかんと同じとする．いま，第三のやかんの水を先の二つのものより早く沸騰させてみよう．このやかんの温度を他より早く上げるにはどうしたらよいだろうか？ 原始的な方法は外部に加熱コイルをはりつける方法だ．しかし残念ながら，そのようなものをもっていない．では，熱いお湯をやかんに加えて沸点に早く到達するようにできるだろうか？ でも実は，そんなことをすると，むしろ沸騰を遅らせることになる．それを証明するため，もともとの水が質量 m_1，温度 T_1 だとして，それが追加した水（m_2，T_2）と混ざらないし，熱交換もしないとする．やかんの中のもとの水が沸騰するまでに必要な熱量は，水の比熱を c とすれば，$Q_1 = cm_1(T_b - T_1)$ になる．しかし，いま，このエネルギーに加えて，質量 m_2 を沸点温度まで加熱する必要が生じる．ゆえに必要な総熱量は，

$$Q_1 = cm_1(T_b - T_1) + cm_2(T_b - T_2)$$

となるのだ．

たとえ，沸騰しているお湯をやかんに入れたとしても，加えられたお湯は注いでいるときに熱拡散で冷めて，T_b より低くなる．明らかに，われわれの簡単な考えの通り，すなわち，やかんの中の水の二つの部分は混ざらないとしても，系のエネルギー保存則に影響を与えないので，われわれの熱の見積もりは単純になり，早く答を出させてくれる．

第三のやかんに熱湯を入れるアイデアをあきらめるころには，最初の二つのやかんの一つがヒューヒュー鳴き出した．さて，誰もが知っている，このヒューヒュー音の物理的機構は何なのか，そしてその特性振動数はいかほどか? 次にこれらの問題を考えてみよう．

この不協和音のようで警笛のような音の第一の候補として，蒸気の泡がやかんの壁や底から離れていくときに，お湯のなかで励起された振動が考えられる．これらの泡はやかんの内壁面には必ず存在する微細な割れや欠陥の場所から発達する．沸騰直前の泡の典型的なサイズは，およそ，1 mm である．その後，泡は 1 cm にもなりうる．チンチンと鳴る音の周波数を見積もるには，泡が底から

離れるのにどれくらいの時間がかかるか知る必要がある．この時間が実際に泡が壁から離れて押し出される時間の長さ，そして，励起する振動の周期の目安にもなる．われわれの仮定の範囲内では，これに当てはまる振動数はこの時間の逆数 $\nu \sim \tau^{-1}$ で決まる．

できたばかりの泡が底にいるあいだ，泡に加わる力は二つある[a]．アルキメデスの浮力 $F_A = \rho_w g V_b$（ここで V_b は泡の体積，ρ_w は水の密度）で上に押し上げられる一方，表面張力 $F_S = \sigma l$（ここで l は泡とやかんの内壁との接触面積）でやかんの内壁にくっつけられる．泡が成長するにつれ（V_b が増大），アルキメデスの力は増大し，あるとき，表面張力でそこに留まろうとする力を超える．泡は離脱し，図 13.1 のように上昇の旅に出る．こうして，“出発” 時に泡に加わる残りの力は，F_A の程度になる．一方，液体中の泡の加速は，もちろん，無視できるような（おおむね混入した空気）質量で決まるわけではな

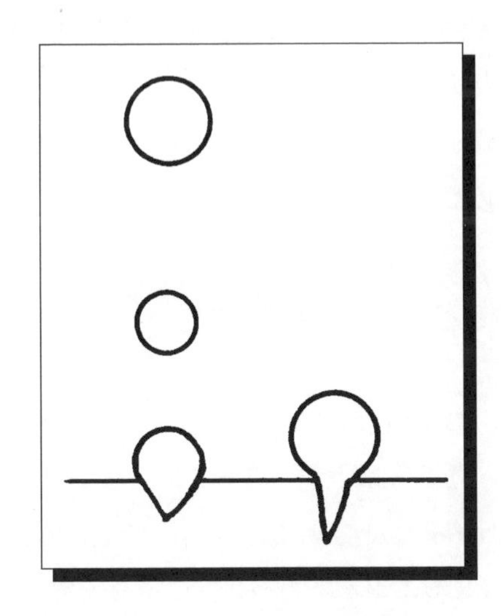

図 13.1　底の欠陥で発生した泡は最初は表面張力で留まっている．

[a] ここでは，泡の小さな重量は無視する．

く，運動中に関わる液体の質量で決まる．球形の泡では，この**関連する質量**が，$m^* = (2/3)\pi\,\rho_w\,r_0^3 = (1/2)\rho_w\,V_b$ に等しくなる（r_0 は泡の半径）．

こうして，最初の段階での泡の加速に対して，

$$a \sim \frac{F_A}{m^*} = 2g$$

が求まる．ここで，泡の開放時間を見積もることができる．簡単のため，運動は一様に加速されるとする．注目している泡は，

$$\tau_1 \sim \sqrt{\frac{2r_0}{a}} \sim 10^{-2}\,\mathrm{s} \qquad (13.1)$$

の時間内に上昇する高さと同程度，上昇することだろう．

こうして，泡が離脱するときに発生するときの音の特性振動数は $\nu_1 \sim \tau_1^{-1} \sim 100\,\mathrm{Hz}$ となる[b]．これは温められてはいるが，まだ沸騰に至らないストーブの上のやかんから人の耳に届くジージーと鳴る音[c]より，おそらく1けた少ない．

ゆえに，やかんが温まるときに発するジージー音には別の原因があるに違いない．第二の理由を確かめるには，最初の表面から離れたあとの泡の運命をつぶさにたどってみる必要がある．壁や底では泡の中の蒸気圧がおおむね大気圧になっている（そうでないと泡が十分膨らんで上昇を始めない）．泡が熱い壁（あるいは底）から離れたとき，泡は速くかつ，自然に，まだ冷たい水の層を上昇していく．

上昇して冷えると泡の中の水蒸気は飽和して泡を埋め，やがて冷える．その結果，泡の内圧が下がり，もはや泡の外側の圧力とつり合うことができなくなる．結果として，泡は消えるか，消失しないにしても押しつぶされたようになり（後者の場合は，もし泡が水蒸気の他に空気を含んでいるとき），これらがパ

[b] 100 Hz 領域の振動数は昔のラジオの雑音を知る人にはなじみ深い．

[c] 表面張力は式 (13.1) に入ってこない．それは，ある意味で，音は泡が表面から離れるときでなく液中を加速上昇するときも発生する．これは浮力が粘性摩擦とつり合うときまで続く．粘性摩擦は速度に比例する．

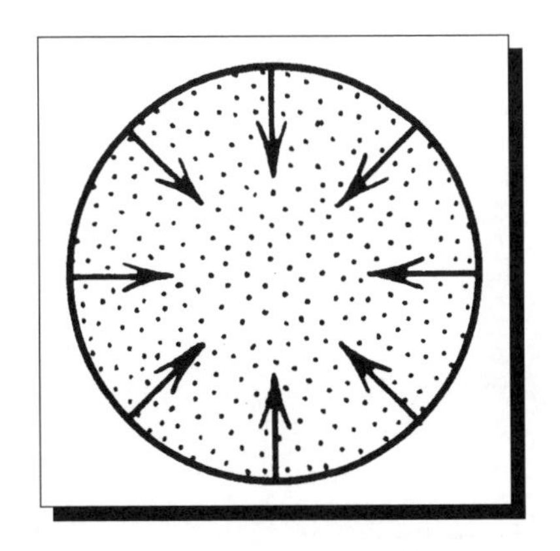

図 13.2　実際の沸騰が起こる前，小さな泡がつぶれ，それがやかんの歌となる．

ルス状の音を液体内に引き起こす（図 13.2）．湯面に向かうときに起こる，泡のこの集団消失あるいはたくさんの蒸気泡の体積縮小過程がヒューヒューと音を立てる雑音として聞こえるものだ．ここで，もちろん，その振動数を見積もってみたい．

ニュートンの第 2 法則から，質量 m の水が泡の崩壊時に泡の中に飛び込む場合，

$$m\,a_r = F_p = S\,\Delta P$$

と書くことができる．ここに $S = 4\pi\,r^2$ は泡の表面積，F_p は泡を押しつぶす圧力，ΔP は泡の圧力差，そして a_r は泡の表面の内側への加速度．“押しつぶされる” 過程で関係する質量は，水の密度と泡の体積の積と同程度 $m \sim \rho_w\,r^3$ であることは明らかだ．ゆえに，われわれはニュートンの方程式を，

$$\rho_w\,r^3\,a_r \sim r^2\,\Delta P$$

のように書き直すことができる．さらに，泡の表面が曲がっていることからくる圧力の補正や，泡内に入り込んだわずかな空気を無視すると，ΔP を一定値と見

なすことができる（もっと詳しくいえば，やかんの底と上の湯面のお湯の温度差にのみよるのだが）．いま，τ_2 を消失時間とすれば，加速度は $a_r = r'' \sim r_0 / \tau_2^2$ と見積もられるので，

$$\rho_w \frac{r_0^2}{\tau_2^2} \sim \Delta P$$

を導く．これは

$$\tau_2 \sim r_0 \sqrt{\frac{\rho_w}{\Delta P}} \tag{13.2}$$

を与える．

$T_b = 100°$ C 付近では，飽和水蒸気は 1° C あたり，$3 \cdot 10^3$ Pa の割合で下がる（表 13.1）．こうして，$\Delta P \sim 10^3$ Pa を仮定することができて，結局，時間としては $\tau_2 \sim 10^{-3}$ s と書くことができ，雑音振動数 $\nu_2 \sim \tau_2^{-1} \sim 10^3$ Hz を導く．この答はすでにわれわれの耳が感じているものに近い[d]．

上で見たような機構がやかんの雑音のもととなっているというわれわれの結論を支持するもう一つの事実は，式 (13.2) によれば，特性（高）振動数は温度上昇とともに下がるということだ．沸騰の直前，むしろ上部の層でも泡は消えなくなる．ゆえに，残った音はやかんの底からの泡の離脱音だけになる．"同調" の振動数は沸騰の直前に顕著に減少する．最終的に沸騰が起こったとき，やかんの "声" は再度変わるに違いない．特にふたを外したときは顕著だ．今度はゴボゴボしたような音が，お湯の表面で泡がはじけるときに起こる．この音の高

表 13.1　飽和蒸気圧の温度依存性．100 kPa が 1 気圧．

温度，° C	96.18	99.1	99.6	99.9	100	101	110.8
圧力，kPa	88.26	98.07	100	101	101.3	105	147

[d]図 13.3 によれば，温度降下（それに対応した圧力差 ΔP と振動数 ν）はおそらく 1 けた大きいだろう．

さは，お湯の液高ややかんの形[e]にもよる．

こうして，われわれは沸騰直前のやかんの雑音は，泡がやかんの底から旅立ち，上面に向かっていき，上部の冷たい水の層で消えていく何百もの泡が引き起こすことを確認した．これらのすべての過程は，透明なガラスポットの中の水を加熱してみれば，明らかになる．沸騰水の歌のおもしろい問題というこの種のことをわれわれが最初に解き明かしたと祝うのは早計だ．18 世紀のスコットランドの物理学者ブラック[f]がこの現象を研究し，音は表面に上昇する水蒸気と容器の壁の振動の二重奏で起きることをすでに確立している．ここまでのところわれわれの最初のテーマであるやかん（ふたがついている）の中での水は，そろそろ沸騰してきた．それはやかんの出口から蒸気が噴き出す流れではっきりわかる．ところで，この流れの速度はどれほどか．正直にいえば，挑戦的とはいえないが，沸騰しているあいだ，やかんに注がれるすべてのエネルギーは沸騰に使われることに気づけば，われわれはこの問題を解くことができる．この場合には蒸気が逃げていく唯一の道は，やかんの出口からだと仮定しよう．加熱により，Δt の時間中に，質量 ΔM の水が蒸発する．すると，次のようなバランス方程式を書ける．

$$r\,\Delta M = \mathcal{P}\,\Delta t$$

ここで r は蒸発の潜熱（単位質量あたりの熱量），$\mathcal{P}$ は加熱器の火力（単位時間あたりの熱量）である．同じ時間 Δt のあいだ，同じ質量 ΔM がやかんの出口から出ていく．さもなくば蒸気はふたの下にたまってしまう．出口の垂直断面積を s，$\rho_s(T_b)$ を蒸気の密度，v を速度とすれば，次の関係が成り立つ．

---

[e]この提案に好都合なもう一つの議論をするなら，発泡性の飲みものの泡はいま話したような音を立てない．この場合の沸騰水との違いは，二酸化炭素が泡に詰まっているので，泡が壊れることがないことだ．

[f]ジョセフ・ブラック（Joseph Black，1728–1799），スコットランドの物理学者，化学者，彼は熱と温度の違いを指摘した最初の人物．彼は熱容量の概念も導入した．

$$\Delta M = \rho_s(T_b)\, s\, v\, \Delta t$$

前出の表から，$T_b = 373°\,\mathrm{C}$ での $\rho_s(T_b) = 0.6\,\mathrm{kg/m^3}$ という飽和水蒸気の密度を得られる．もし，手ごろな表をもち合せていなかったら，クラペイロン–メンデレーエフの気体法則[g]を用いて，

$$\rho_s(T_b) = \frac{P_s(T_b)\,\mu_{H_2O}}{R\,T_b} \approx 0.6\,\mathrm{kg/m^3} \tag{13.3}$$

を得る．こうして，出口から出る蒸気の速度は，

$$v = \frac{\mathcal{P}\,R\,T_b}{r\,P_s(T_b)\,\mu_{H_2O}\,s}$$

となる．数値として，$\mathcal{P} = 500\,\mathrm{W}$，$s = 2\,\mathrm{cm^2}$，$c = 4.19 \cdot 10^3\,\mathrm{J/(kg \cdot °C)}$ だから $r = 2.26 \cdot 10^6\,\mathrm{J/kg}$，$P_s(T_b) = 10^6\,\mathrm{Pa}$，$R = 8.31\,\mathrm{J/K \cdot mol}$，を入れた結果，速度は $v \sim 1\,\mathrm{m/s}$ であることが見いだせる．

そうこうしているうちに，二つ目の（ふたなしの）やかんが沸騰してきた．それは，ふたつきの勝者より明らかに遅れをとっている．これをストーブから外すとき，本当に注意を払わなければならない．もし取っ手をつかんだら，簡単にやけどを負ってしまうだろう（いかなる実験でも安全第一は読者も承知と思っているが）．とにかく，われわれの問題は安全に関わることだ．やけどを重症にするのは蒸気か熱湯かという問題である．もし，物理的制約をこの問題に課すなら，次のように言い換えることができる．やけどを激しくするのは蒸気か，等質量の熱湯か，と．

---

[g]気体の密度 ρ の表現は理想気体の状態方程式 $PV = (m/\mu)RT$ から得られる．ここで P，T，m は，それぞれ圧力，絶対温度，体積 V に閉じ込められた質量である．これは簡単に，

$$\rho = \frac{m}{V} = \frac{P\,\mu}{RT}$$

の形に書ける．ここで，μ は気体の 1 モルあたりの質量，R は 1 モルあたりの気体定数（式 (10.4) を見よ）．

もし，やかんのふたの下に100°Cで体積$V_1 = 1\,l$の蒸気があったとする．ふたが開いたあと，1/10の蒸気が不幸にも手に凝着したとする．$T_b = 100°\,\mathrm{C}$での水蒸気の密度は$0.6\,\mathrm{kg/m^3}$である．手に凝着する質量は$m_s \approx 0.06\,\mathrm{g}$くらいだろう．凝着し，100° Cから室温$T_0 \approx 20°\,\mathrm{C}$に温度が下がったときの熱量は$\Delta Q = r\,m_s + c\,m_s(T_b - T_0)$となる．それゆえ，$c = 4.19\,\mathrm{J/kg}$，$r \approx c \cdot 540°\,\mathrm{C}$であるから，沸騰水よりおよそ，10倍もの熱の効果がある! 一方，蒸気で影響される面積は（ずっと高い易動度をもっているので）熱湯よりきわめて広範囲である．こうして，問題への解答は，蒸気のほうが沸騰中の同じ温度の熱湯よりはるかに危険だということだ．

しかし，すべての危険についての見積もりを行っているうちに，われわれは，最初のやかんに関する問題からだいぶ脇道にそれてしまった．ふたなしのやかんでの沸騰開始がどうしてそれほど遅れたのだろうか? この現象をもっと仔細に見てみよう．答は単純なもののように見える．加熱中に，（早い速度をもっている）素早く動く水の分子は，簡単にやかんから飛び出す．その際，残った水からなにがしかのエネルギーを奪う．それは水を冷却することになる（これは蒸発現象以外の何物でもない)．この場合，加熱器は水の温度を沸点まで上昇させるのに使われるだけでなく，ある程度の水を蒸発させることにも使われる．こうして，よりたくさんのエネルギーを消費する．したがって加熱力が一定なら，ただお湯だけを温めるよりたくさんの時間がかかる．ふたつきのやかんでは足早の逃亡者は別の選択のすべもなく，ふたの下に集まり，飽和水蒸気を作り，結局，手にした余分のエネルギーを運びながら，水に戻る．

しかし，上述と反対のことだが，同時に二つの効果が起こる．一つ目は，蒸発中，T_bまで温められるのに必要な水の質量は減少する．二つ目は，ふたなしの容器では水の圧力は大気圧で，ゆえに沸騰過程は正確に100° Cで開始する．一方ふたつきのやかんでは，一杯になっていれば，蒸気は出口から出られず，お湯の表面の圧力は激しい蒸発で上昇する．その圧力はふたの下の空気と蒸気の分圧の和であることに注目する．外部圧力の上昇とともに，泡の内部の飽和蒸気圧と外部圧力とが一致するように，沸騰温度も上昇する．こうなれば，どちらをわれわれが決定因子とするかだ．

いつも，そのような不確定が起こるときには，正確な計算か，少なくとも，関与している効果の大きさを見積もる必要がある．ゆえに，まず，沸騰する前に逃げてしまう水の量を見積もってみよう．

液体の中の分子は互いに相互作用している．結晶中では，分子の位置エネルギーは運動エネルギーよりずっと大きい．しかし，気体では運動エネルギーが支配的だ．液体では両者は同程度だ．ゆえに液体状態の分子はほとんどの時間は平衡位置のまわりをふらついていて，ときおり，異なった別の平衡位置に飛び移る．"ときおり"とは平衡位置のまわりで振動している周期に比べて長い時間を意味する．しかし，われわれの慣れた時間スケールからすれば，そのような飛び移りは頻繁に起こる．1秒間に，ふらふらしている液体の分子は平衡位置から10億回も飛び移る!

しかし，液面をさ迷う銘々の分子がすべて飛び出すわけではない．最終的に自由になるには，分子は相互作用の力に抗して何がしかの仕事をしなければならない．水分子の位置エネルギーは，1分子あたりに規格化した蒸発熱分，蒸気分子の位置エネルギーより小さいといえる．ゆえに，rを蒸発潜熱とすれば，モルあたりの蒸発熱はμrで，分子あたりの蒸発熱は$U_0 = \mu r \,/\, N_A$（N_Aはアボガドロ数）となる．この仕事は分子の熱運動の運動エネルギーE_kを消費して行う．対応する平均値$\bar{E}_k \approx rmk\ T$（$k = 1.38 \cdot 10^{-23}$ J/Kはボルツマン[h]定数）はU_0よりずっと小さいことがわかる．しかし，分子物理学の法則から，引力を振り切って飛び出す運動エネルギーをもった分子は必ず少なからずいる．

[h]ボルツマン（L. Boltzmann, 1844–1906），オーストリアの物理学者; 統計力学の創立者の一人．

そのような特にすばしこい分子の密度は次の式で与えられる.

$$n_{E_k>U_0} = n_0\, e^{-\frac{U_0}{k\,T}} \tag{13.4}$$

ここに n_0 は分子の総密度, $e = 2.7182\cdots$ は自然対数の基底である.

ここで, 液体中を飛び交う分子のことをしばし忘れて, 気体のような高エネルギー分子を考えてみよう. そのような気体の分子は, その速度 v が上を向いているとき, そして出発点が表面から $v\,\Delta t$ より短いところにいるなら, 液体の内部から短い時間 Δt で表面に到達できる. 表面積が S なら, これらは高さ $v\,\Delta t$, 底面積 S の円筒中にある分子である. 簡単のため, 円筒中のすべての分子の約 1/6 が表面に向かうとする(それは $\Delta N \sim 1/6\, n\, S\, v\, \Delta t$ に相当する). U_0 以上のエネルギーをもっている. 分子の密度は式 (13.4) より, 蒸発速度(単位時間あたり液体から逃げ出す分子の数)は,

$$\frac{\Delta N}{\Delta t} \sim \frac{n\,S\,v\,\Delta t}{6\,\Delta t} \sim S\,n_0\sqrt{\frac{U_0}{m_0}}\,e^{-\frac{U_0}{k\,T}}$$

となる. ここで, 速度 $v \sim \sqrt{U_0\,/\,m_0}$ を用いた. こうして, 単位時間あたり, 液体から出ていく質量は,

$$\frac{\Delta m}{\Delta t} \sim m_0\,\frac{\Delta N}{\Delta t} \sim m_0\,S\,n_0\sqrt{\frac{U_0}{m_0}}\,e^{-\frac{U_0}{k\,T}} \tag{13.5}$$

に等しい. この質量をやかんが加熱されているときの 1K あたりに規格化するともっと使いやすい. それをするために, エネルギー保存則を用いる. 時間 Δt のあいだに, やかんは加熱器から $\Delta Q = \mathcal{P}\,\Delta t$ だけの熱量を受け取る($\mathcal{P}$ は加熱器の火力). すると結局, お湯の温度は ΔT だけ上昇し,

$$\mathcal{P}\,\Delta t = c\,M\,\Delta T$$

を引き起こす. ここで, M はやかんの水の質量(ここではやかんの熱容量を無視する)である. 蒸発速度の式 (13.5) に $\Delta t = c\,M\,\Delta T\,/\,\mathcal{P}$ を代入して,

$$\frac{\Delta m}{\Delta T} = \frac{\rho\,c\,S\,M}{\mathcal{P}}\sqrt{\frac{r\,\mu_{\mathrm{H_2\,O}}}{N_A\,m_0}}\,e^{-\frac{r\,\mu_{\mathrm{H_2\,O}}}{N_A\,k\,T}} = \frac{\rho\,c\,S\,M\,\sqrt{r}}{\mathcal{P}}\,e^{-\frac{r\,\mu_{\mathrm{H_2\,O}}}{N_A\,k\,T}}$$

を得る．

やかんが温められるにつれ，温度は室温から沸点 373 K (100° C) まで上がる．しかし，われわれはいま（まさに）水の温度が（沸点近くなるほど）かなり高くなっており，失われるはずの質量減少は大半起きているので，上記の指数表現での平均温度として，$\bar{T} = 350\,\mathrm{K}$ (77° C) くらいの値を入れておけばよい．残りの項として，われわれは，$\Delta T = T_b - T_0 = 80\,\mathrm{K}$，$S \sim 10^{-3}\,\mathrm{m}^2$，$\rho \sim 10^3\,\mathrm{kg/m}^3$，$\mu_{\mathrm{H_2O}} = 0.018\,\mathrm{kg/mol}$，$c = 4.19 \cdot 10^3\,\mathrm{J/kg}$ を仮定する．これらの値を公式に入れたあと，結局，

$$\frac{\Delta m}{M} \approx \frac{\rho\, c\, S}{\mathcal{P}} \sqrt{r}\, e^{-(r\,\mu_{\mathrm{H_2O}})/(R\bar{T})}\, (T_b - T_0) \approx 3\,\%$$

という値を得る．

このように，沸点まで温められているとき，わずか，3%程度の水の質量がやかんから離れていくことがわかる．そのような質量の蒸発は，加熱器から余分なエネルギーを奪う．自然な成り行きとして，沸点に到達する時間を長引かせる．どの程度か理解するために，計算してみると，水がこの量を蒸発するには，やかんの全水量の 1/4 を室温から沸点まで加熱するのに相当するエネルギーを加熱器から得る必要があることがわかる．

さて，二つ目の（いや一つ目だったかもしれない．もうわからなくなってしまった）ふたつきのやかんに戻って，沸騰を抑える効果を，より細かく見てみよう．第一に（加熱中の水の質量の変化がありうること）を無視してきた．3%の蒸発が 25%の水の加熱とエネルギー的に同等と述べたばかりであるが，3%の水を沸点まで加熱する熱量は無視してもよい．

第二の効果（ふたつきの容器での圧力上昇）も目立って競合する役割を演じないことがわかる．事実，もしやかんが水で完全に満たされているとしたら（蒸気は出口から出られない），大気圧により余分な圧力はふたの重量/面積を超えることはできない．でなければ，蒸気を解放するため，ふたは跳ね始める．ふ

たの重さと面積を $m_{lid} = 0.3\,\mathrm{kg}$，$S_{lid} \sim 10^2\,\mathrm{cm}^2$ と仮定すると余分の圧力は，

$$\Delta P \leq \frac{m_{lid}\, g}{S_{lid}} \approx \frac{3\,N}{10^{-2}\,m^2} = 3 \cdot 10^2\,\mathrm{Pa}$$

以下であるといえる．表 13.1 をもう一度チェックすると，圧力による沸点の上昇はたかだか $\delta T_b \sim 0.5°\,\mathrm{C}$ であることがわかる．とはいえ，お湯を沸騰させるには，余分な加熱エネルギーは $\delta Q = c M\,\delta T_b$ 必要である．これを $r\,\Delta M$ と比べると，少なくとも 30 : 1 の安全比に見積もっても $r\,\Delta M \gg c M\,\delta T_b$ の不等式が成り立つので，お湯が完全に満たされているふたつきやかんでの沸点上昇は，ふたなしのやかんからの水の蒸発と比べてもエネルギー的には競争になるほど大きくないと結論づけられる．

少々脱線するが，われわれはここで，液体を閉じ込めた空間で加熱中に圧力が上昇する現象は，台所用具をデザインするとき採用され，圧力鍋（実際の料理をした人にはよく知られていることだろう）とよばれていることに触れておきたい．そのような鍋には，出口の代わりに，圧力が所定値を超えたら圧力が解放されるような安全弁がついている．それ以外の時間は，容器は完全に密閉されている．内部の液体が蒸発するに従い，すべての蒸気が鍋の全体を占めていき，内部圧力は圧力逃しバルブが開く直前には $1.4 \cdot 10^5\,\mathrm{Pa}$[i]にもなり，（われわれの有用な表 13.1 に戻れば）沸点は $T_b^* = 108°\,\mathrm{C}$ にまで上昇する．これで，普通の鍋より食物をずっと早く料理できるようになる．しかし，ストーブから外して，この鍋のふたを開けるときは特に注意を払わなければならない．密閉シールを外したら，液体の圧力は急激に下がってものすごく**過加熱**（superheated）状態になっているからだ．こうして質量 δm が，$r\,\delta m = c M\,(T_b^* - T_b)$ に相応する分，瞬時に蒸発し，やけどの元になる（こんな場合，液体は鍋の全体積で瞬時に爆発的に蒸発を始める）．

ところで，高地では（典型的に美しい情景に加え），大気圧は低く，水は 70° C

[i]訳注：およそ 1.4 気圧．

ですら沸騰し始めるので，例えば肉を料理することはたいへんな仕事になる（例えば，エベレストまで上がると大気圧は $3.5 \cdot 10^4$ Pa（0.35気圧）になる）．ゆえに圧力鍋は，通常登山家の愛用品になる．満足できる料理温度に到達できるため，燃料も節約できる．このため，圧力鍋はリュックサックの中での実用道具としては，かさばるけれどももって行きたくなるのだ．

しかし，やかんに戻ろう．やかんはいまやストーブの上で，力いっぱい沸騰を続けている．もう降ろすときだ．ふたつきのやかんはストーブから外してもすぐには沸騰を止めない．蒸気はしばらく吹き出し続ける．この“加熱終了後に”水の何割が蒸発するのだろうか？

これに答えるために，図13.3の曲線を見なければならない．この図は，お湯が沸騰しているとき，お湯の温度の高さ依存性を示している．熱はもちろん底の方から供給されている．図を見ると，薄い底の層でおよそ $\Delta H = 0.5\,\mathrm{cm}$ の部分がたいへん熱く，それを離れると $T_{bot} = 110°\mathrm{C}$（T_{bot} は底の温度）から $T_i = 100.5°\mathrm{C}$ までの温度下降している．残りのお湯は，グラフによれば，およそ100.5°Cである．そして，さらに $T = 0.4°\mathrm{C}$ の温度降下が自由表面に近づくにしたがって起こる（グラフは深さ $H = 10\,\mathrm{cm}$ のやかんに対応している）．こ

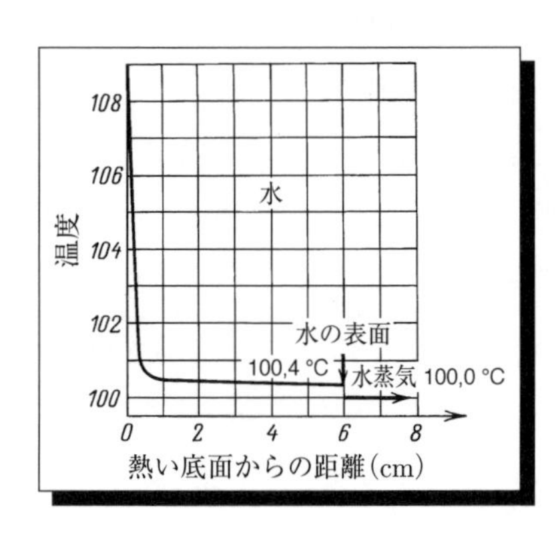

図 13.3　沸騰中のやかんの底の温度は他の過半の部分より相当に高い．

うして，加熱を終えても（平衡からずれて）容器に蓄えられた熱は次の公式，

$$\Delta Q = c\,\rho\,S\,\Delta H\left(\frac{T_{bot}-T_i}{2}\right) + c\,\rho\,S\,H\,\Delta T$$

で表すことができる．ここに S はやかんの底の面積である（やかんは円筒形をしているものとする）．そして，やかんの底はなにがしか余分に過熱されていたとする．しかし，水の比熱が圧倒的に大きいので，われわれはその効果は無視できる．

余剰熱量 ΔQ は厚さ δH の層の蒸発で消費される．そのような水の層の質量 δm は熱バランスの方程式，

$$r\,\delta m = \rho\,S\,\delta H\,r = c\,\rho\,S\left[\Delta H\left(\frac{T_{bot}-T_i}{2}\right) + H\,\Delta T\right]$$

から見つかる．結局，この式は δH を，

$$\frac{\delta H}{H} = \frac{c}{r}\left[\frac{\Delta H}{H}\left(\frac{T_{bot}-T_i}{2}\right) + \Delta T\right] \approx 2\cdot 10^{-3}$$

のように与える．

これによってわかることは，ストーブからやかんを外したあとも，お湯は沸騰が続いているために，湯量は減り続け，およそ0.2%失うということだ．

$\mathcal{P} = 500\,\mathrm{W}$ の加熱により $M = 1\,\mathrm{kg}$ の水の量が沸騰して外に行ってしまうまでの典型的な時間は，計算できて，

$$\tau = \frac{r\,M}{\mathcal{P}} \approx 5\cdot 10^3\,\mathrm{s}$$

となる．それゆえ，0.2%の水はおよそ10秒で蒸発する（蒸発速度は定常状態で変化しないと仮定して）．

こうして，このすべての議論を終えたあとは，待ちに待ったお茶を入れる時間がきた．ところで，東の国では，お茶はコップやグラスの代わりに小さなボウルを用いる．小さなボウルはアジアの遊牧民族から最初にもたらされた．小

さなボウルは簡単に荷詰めでき，割れにくいので，その方が移動生活を続ける民には便利である．それに加え，それらは普通のグラスより重大な利点がある．ボウル型は，頭部が広いので，お湯の上部の冷え方が早く，お湯でやけどをしにくく，かつその他の部分は熱いままだ．

しかし，アゼルバイジャンでは，別の形のお茶容器を目にするだろう．アルムディ（図 13.4）とよばれているものだ．ここでは広口は安全で心地よい飲みものの冷え方を助け，ボウルのその他の部分の表面積を最小にし，そしてお茶を熱いまま長持ちさせる．こうして，長く素晴らしいテーブル談義をしながら暖かいお茶をすすることを楽しめるというものだ．

安全表彰として会社からもらうような大きすぎるマグカップではなく，粋な

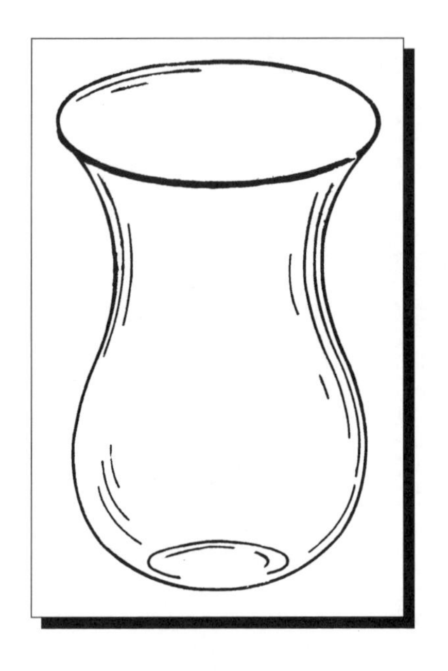

図 13.4　アゼルバイジャンの人々はアルムディ・グラスでお茶を飲むのを好む（“アルムディ”（Armudi）は日本語では “洋梨”，英語では “pear” という）．

磁器のお茶のカップで，何世紀ものあいだ流行したものも，しばしば広口構造をしている．あまり洗練されていない円筒状のグラスはお茶の道具として19世紀に一般的に使われるようになったが，理由は簡単でコストが低かったこと，男たちが伝統的に使っていたためだ．一方，人類の半分では芸術的な中国のお茶のカップが上品に残っていた．しかし時が経つにしたがい，熱くてもちにくいというお茶用グラスの劣等性はグラスホルダーの発明で若干改善された（背中を所有者の碑文などで飾って）．

Let’s try! グラスホルダーとしてどのような物質が適しているか物理的基準を考えられるだろうか? 例えば，アルミニウムや銀はよい候補だろうか?

14章　おいしいコーヒーの物理学[a]

人を幸せにするのはいかに簡単なことか見るがよい:
一杯のコーヒーがすべてだよ.

—エドアルド・デ・フィリッポ（Edoardo De Filippo）
“幽霊たち（*These Ghosts*）”

グローバル化と多国籍企業の独占化の今世紀，ニューヨークでも，カトマンズでも，同じ飲料が提供されているけれど，コーヒーは地域色豊かな飲みものであることに，国から国へと旅する旅行者は，気づくだろう．単にコーヒーを飲むといっても，トルコかエジプトにいるか，あるいはイタリアかフランスか，フィンランドかアメリカかで大きく異なった経験をすることになる．もし，あなたがナポリのバーでコーヒーを注文したら，裁縫用の指抜きより少し大きい程度の優雅な小さなカップで出されるだろう．カップの底には粘っこい，ほとんど黒色の液体があり，そこでは誘惑するような泡がまわりをゆっくり動いている．一方，もしシカゴでコーヒーを頼んだら，発泡スチロールの容器に 0.5 リットルもの熱い茶色のお湯を出されるだろう．ここではどちらのコーヒーの味がよいかとかどちらが気持ちがよいかなどと判断したいわけではない．そうではなく，コーヒーの入れ方には種々の方法があるということや，それぞれの方法に関連した物理的過程を単に議論することにする．

[a] この章の元となった内容は学術雑誌（*Physics in Canada* 58, No. 1, pp. 13–17 (2002)）での論文で同じタイトルで英語で発刊されたものをイタリア人，フォルティン（E. Fortin）が翻訳した．

14.1　沸かすだけのコーヒー

コーヒーを入れるこの方法はたいへん古く，今日ではフィンランドやスカンディナビア諸国の北の果てまで広まっている．ローストコーヒーは粗挽きにして，お湯（水150～190 ml あたり，およそ10 g のコーヒー）に入れ，およそ10分沸かす．フィルターにかけず，コップに直接入れて，コーヒーが沈むまで数分待つ．ここには取り立てるほどのおもしろい物理的過程はないので，そのようなコーヒーの味を議論するのは控えることにする．

14.2　フィルターつきのコーヒーポット

このタイプのコーヒーメーカーはアメリカ，北ヨーロッパ，ドイツ，フランスでは一般的だ．その動作の原理は簡単で，所要時間は6～8分だ．粗挽きのコーヒーを円錐状の紙フィルターに入れる．その上から沸騰したお湯を注ぐと，お湯がコーヒー粒子を“洗って”フィルター内を浸透し，ガラスの容器に集められる．結果として，軽いコーヒーができ上がる．理由は厚いフィルターは脂分をほとんど通さないからである．さらに，粗挽きコーヒーであり，圧力をかけないことから，コーヒーの中にある風味や香りを完全には取り出せない．アメリカでは，150～190 ml のお湯に対して，5～6 g のコーヒーが，ヨーロッパでは，一つのカップに対して，10 g が標準だ．

14.3　トルココーヒー

“トルコ風のコーヒー”として知られているコーヒーの作り方を考える．この場合，コーヒーは細かい粉に挽かれて，この粉が砂糖と混ぜられ，“イブリック”とよばれる図14.1のような円錐状の（通常，銅か真鍮）金属の容器に入れ

図 14.1 トルココーヒーを作るための“イブリック”.

られる．次に冷たい水をイブリックに注ぎ，イブリック容器を赤く焼けた砂に漬ける．

別の方法としては，沸騰したお湯が事前に満たされている容器に粉末状にしたコーヒーを入れる（熱い砂が手に入らなければ，ガスバーナーか電気コンロでもよい）．砂の熱がイブリックの底や側面から伝わって液体を加熱しているあいだ，対流が起こる．液体が動くと，液体はコーヒー粉を容器の液面までもち上げる．表面張力のおかげで，“コーヒーの破片”が表面に形成される．ほんの少しずつ，イブリックの内容物が沸点に近づき，気泡が破片を砕き，石けんの泡のようなものを作る．このとき，コーヒーの味を逃がさないように，イブリックを砂から外して，上記の工程を止める．泡の厚い層が形成されるまで，この工程を 2 度ないしはもっとくり返す．中身は次に小さなコップに注がれ，コーヒー粉が底に沈むまで待つ．こうして，濃密で味わい深い飲みものを得る（特に少量の水を使った場合）．

14.4　イタリア流のモカ

“モカ” はイタリアでもっとも一般的なコーヒーメーカーである．それは三つの部分から成り立っている．底部にあって，水を温めるところ．円筒状の金属フィルターで，細かく挽かれたコーヒー粉が置かれているところ．そして，頭部で頭がカットされたような形をしており，でき上がったコーヒーが到達するところである (図 14.2)．フィルターはモカの心臓部である．フィルターの下には金属でできた漏斗が固定されており，その先は容器の底の近くに続いている．モカは内部が広くなく，それほど工夫の余地はない．その代わりに，別のコーヒーの入れ方とは対照的に，ポットのデザインでコーヒーのでき方が決まってしまう．

モカを用いてコーヒーを作る工程はたいへんおもしろい．挽かれたコーヒーはフィルターに優しく押しつけられて，冷たい水が下の容器に注がれる．モカの下の容器は底を締めて閉じられ，フィルターのまわりの頭部は底部の容器内の水で覆われる．ゴムの O（オー）リングで上下の二つの部分はしっかり密閉される．水は弱火の上で温められる．その結果，水の表面の蒸気圧が急速に上

図 14.2　イタリアのモカコーヒーメーカー．

昇し，水は縦の筒の中で押し上げられ，次にフィルターの上にあるコーヒーの粉の中を通るようになる．コーヒーはポットの細いチューブを通ってポットの上部に昇っていく．このとき，コーヒーは小さなカップの中にでき上がる．

この方法は簡単で理解しやすい．しかし，何がこの工程で働いているのだろうか? 炎からの熱が源であることは確かだ．最初は水は閉じ込められた空間で温められた．そこでは水は空間の大半を占有している．水は簡単に 100° C（海抜ゼロでの沸点）に到達し，水の上部の飽和蒸気圧は 1 気圧になる．さらに熱を加えると水の温度や飽和蒸気圧が上昇する．温度，圧力が上昇するあいだ，水と蒸気は平衡状態にある（温度の関数としての飽和蒸気圧を p. 132 の表 13.1 に示した）．一方，（フィルターの上の）外部圧力は大気圧に保たれている．100° C より少し高い温度での飽和蒸気圧はバネとして働き，コーヒー粉の中に沸騰水を押し出す．こうして，すべての（コーヒーのエッセンスである）風味やかおりやその他の成分を引き出すことができて，湯を味わい深い飲みものに変える．

明らかに，味わいはコーヒー粉の品質，湯温，フィルターを水が通過するのに要する時間に依存している．コーヒーの混合（ブレンド）作業の秘密は生産者が握っていて，熟練，丹精，長い経験に基づいている．フィルターを通過する時間を決めるものは産業スパイに頼らなくても理解できる．物理の法則にのみ頼ればよいのだ．

19 世紀半ば，フランスの技術者，ダルシー（A. Darcy）とデュピュイ（G. Dupuis）は砂で埋められた管の中を通る水の運動に関する最初の実験を行った．この研究は，ろ過の経験則の理論的発展の出発となった．それは穴や割れ目のある固体中を通過する流体の運動に，いまでは，うまく応用されている．線形ろ過の法則とよばれているものを定式化したのはこのダルシーで，今日この定式に対して彼の名前を冠している．この法則は，厚さ L で，断面積 S のフィルターの両端の圧力差 ΔP を通過する単位時間あたりの質量の流量（Q(fluid/s)）に関

するもので，

$$Q = \kappa \frac{\rho S}{\eta L} \Delta P \tag{14.1}$$

と表される．ここで，ρ と η はそれぞれ液体の密度と粘性で，κ（ろ過定数）は液体の性質に依存しないで，多孔質物体にのみ依存する．

ダルシーの最初の仕事では圧力差 ΔP はもっぱら重力起源としていた．その場合，$\Delta P = \rho g \Delta H$ となる．ここで g は重力加速度，ΔH は垂直に設置されたとしてのフィルターの高低差である．式 (14.1) から，κ は面積 (m^2) の次元をもち，その値は通常非常に小さい．例えば，大きな砂地では，κ は $10^{-12} \sim 10^{-13}\,\mathrm{m}^2$ で，圧縮された砂地では $\kappa \sim 10^{-14}\,\mathrm{m}^2$ となる．

ダルシーの法則をモカのコーヒーメーカーに適用してみよう．例えば，モカの底の沸騰水が到達した温度を調べてみるとおもしろい．この温度は沸点の圧力依存性とダルシーの法則，

$$\Delta P = \frac{m}{\rho S t} \frac{\eta L}{\kappa} \tag{14.2}$$

から求められる．

3 人用のモカフィルターの通常の厚さは $L = 1\,\mathrm{cm}$，$S = 30\,\mathrm{cm}^2$ で $m = 100\,\mathrm{g}$ のコーヒーは $t = 1$ 分で作られる．ろ過係数として，粗い砂地のものを使えて，$\kappa \approx 10^{-13}\,\mathrm{m}^2$，$\rho = 10^3\,\mathrm{kg/m}^3$ となる．粘性係数に関しては，温度依存性があるので，注意を払わなければならない．物理量の表から，$\eta(100^\circ\,\mathrm{C}) = 10^{-3}\,\mathrm{Pa \cdot s}$ なので，$\Delta P \approx 4 \cdot 10^4\,\mathrm{Pa}$ が得られる．表 13.1 から対応する沸点が $T^* \sim 110^\circ\,\mathrm{C}$ であることがわかる．

われわれはイタリアンモカでのコーヒーの作り方の物理的基礎を理解した．しかし，あの器械には，場合によったら爆弾になって台所の壁や天井の，もちろん人への安全に関しても脅威になりかねないといった，あまり知られていないことがある．起こるとしたら，どのようなことが起こり得るだろうか？明らかに，そのような災害はコーヒーメーカーの底にある安全バルブが何かで作動

しなくなっていて，同時にコーヒーフィルターを横断する通常の流れが遮断されたときに起こり得る（古いコーヒーメーカーは危険だ！）．例えば，コーヒー粉が細かすぎて，かつ圧縮がきつすぎると，水が透過できなくなる．もし，同時にこれらの条件がそろうと，底での圧力は増大し，頭部と底部のネジ締めされたところが破壊される．

コーヒー粉がきつく圧縮されすぎたとき，何が起こるか説明してみよう．ダルシーの法則はその性格上，経験則だ．しかし，ミクロなレベルでは，フィルターはさまざまな断面積と長さをもった細い管のつながりの系と考えられる．ダルシーの法則はフィルターを通り抜ける層流であるときに成り立つ．実際は，細管の構造のいろいろな不規則で渦が形成され，その結果，乱流モードに転移する．こうなると散逸現象になり，一定の流束を維持するためには，圧力の上昇が必要となる．フィルターの透過性の最低限度は表面張力にも関係している．事実，断面 r をもった形状無欠な細管では，圧力差 $\Delta P > 2\sigma/r$ を作らなくてはいけない．細管の半径が $\sim 10^{-4}\,\mathrm{m}$ のとき，σ がおよそ $0.07\,\mathrm{N/m}$ であったことを思い出せば，フィルターに透過性をもたせるには，$10^3\,\mathrm{Pa}$ が必要だということが求まる．この値は，110°C のときの圧力差のおよそ 1 けた下である．細かいコーヒー粉がフィルターへのパックが強すぎると，細管の半径は以前に見積もった $10^{-4}\,\mathrm{m}$ よりずっと小さくなることは明らかだ．これらの条件下でフィルターは，実際，“不透明”，言い換えると不透過になる．

コーヒーポットが爆弾に変わったら本当に危険だ．最悪な状況から始めてみよう．フィルターも安全弁も塞がれて，100 g の水が閉じ込められて温められたとする．水の臨界相近くの温度では（そこでは液体と蒸気の密度はほぼ同じ），すなわち $T = 374°\,\mathrm{C} = 647\,\mathrm{K}$ では，すべての水は蒸気になる．原理的に，モカをもっと温めることは可能である．しかし，高い温度では，ポットは光り出す（これはまだ観測されたことはない!）．現実にありそうもない値を用いて計算をすれば，最終温度は $T = 600\,\mathrm{K}$（327°C）となる．モカの底の蒸気圧は，理想気

体の方程式を用いると，簡単に見積もることができて，

$$PV = \frac{m}{\mu} RT \tag{14.3}$$

となる．

諸元の値は，$m = 100\,\mathrm{g}$，$V = 120\,\mathrm{cm}^3$，$\mu = 18\,\mathrm{g/mol}$，$R = 8.31\,\mathrm{J/(mol \cdot K)}$ であるから，圧力は $P \approx 10^8\,\mathrm{Pa} = 10^3$ 気圧となる．それに相応したエネルギーは，

$$E = \frac{5}{2} PV \sim 50\,\mathrm{kJ} \tag{14.4}$$

にもなり，印象的ともいえ，モカの部品を秒速，数百メートルのスピードで吹っ飛ばすことができるという恐ろしい値になる．その計算から，爆発は温度が 600 K に達する前に起こるに違いない．しかし，これは余分な加熱をすると，モカの中で強い力が発生することを示している．これらの力は台所をコーヒーで汚すだけでなく他の問題を引き起こすもとにもなるのだ．爆発に関連した奇妙な効果は次のようなものである．爆発のとき，もしあなたがモカの近くにいて，そしてあなたが幸運にも高速で飛んでくる金属片に当たらなかったとしても，ほぼ確実に貴方は過剰加熱された蒸気のジェットとコーヒー粉を浴びることになるだろう．あなたの最初のリアクションは濡れた服を脱いでやけどを避けることだ．その後，あなたは，驚くべきことに，熱さではなく，冷たさを感じるはずだ．

この驚くべき効果の説明はむしろ簡単だ．爆発後の蒸気の膨張は急速で，まわりと熱交換する暇がない．言い換えると爆発は断熱的で，近似的に理想気体の法則，

$$TP^{\frac{1-\gamma}{\gamma}} = \text{一定値} \tag{14.5}$$

に従う．ここに，$\gamma = C_P/C_V$ である．ここで，C_P と C_V は，それぞれ水のモルあたりの定圧比熱，定積比熱である．

分子物理でよく知られているように，C_P と C_V は自由度 i の数で表される．実際，エネルギーの等分配則から，定積のときは，比熱への寄与は，それぞれの自由度に対し $R/2$ で，一方，$C_P = C_V + R$ となる．1 モルの水に対しては $i = 6$ で $\gamma = (i+2)/i = 4/3$ となり，ゆえに，

$$T \sim \sqrt[4]{P} \tag{14.6}$$

となる．蒸気の最初の温度と圧力を 500 K，10 気圧とすると，1 気圧になったとき，ガスは 100 K（–173° C）になるだろう．

結論として，モカで作られたコーヒーは強くて，香ばしいが，よいバーで出されるようなエスプレッソの質にはかなわない．主たる理由は蒸気でフィルターを強制通過するときの水の温度が高温だということだ．ここに，モカで出すときのコーヒーの質を向上させるためのヒントがある．コーヒーポットを温めるときはゆっくりと，フィルターをお湯が通過するときゆっくりとなるようにすればよい．こうすると容器の底を加熱しすぎることもなくなる．こんなわけで，モカで作られるよいコーヒーはアルプスの避難小屋でつくられることはうなずける．そこでは，外圧は 1 気圧より低く（例えば，エベレストの高さでは水は 70°C で沸騰する），そして過加熱された水でも 85～90°C にしかならず，その温度はコーヒー作りに最高である．

14.5 昔のコーヒーメーカー – “ナポリターナ”

このコーヒーメーカーは何がしかモカを思い出させるが，主たる違いはフィルターを強制的に通過させる “駆動力” は蒸気圧ではなく重力である点だ．図 14.3 のように，コーヒーポットは二つの容器からなり，一つはもう一つの容器の上にありコーヒー粉で満たされたフィルターで境ができている．下の容器からのお湯が沸点に到達したとき，コーヒーポットをひっくり返す．フィルター通過

図 14.3　ベスビオス火山を背景にしたコーヒーメーカ“ナポリターナ”.

が数 cm（フィルターでの ΔP は 10^3 Pa（約 1/100 気圧）には到達しない）の水柱の圧力差で起こる（1 気圧は約 1000 cm 水柱）. コーヒーをいれる過程はモカよりゆっくりだ. コーヒーを異なった二つのポットに作り，コーヒーをいれる時間が圧力に反比例するというダルシーの法則を検証することは興味深いことである. ゆっくり行うことの有用性は述べたばかりだ. コーヒー通も，“ナポリターナ”はモカで作ったよりよいという. ここでは，ろ過の過程はよりゆっくり起こり，コーヒーの香りは熱しすぎたお湯に触れても劣化することはなかった. 不幸なことに，現代生活のペースはコーヒーが“ナポリターナ”風にできるまで，ゆったりした議論の時間を許してはくれない. この贅沢さは，過去のナポリの生活を描写したフィリッポ（Edoardo di Filippo）の絵画にのみ残っている.

14.6 “エスプレッソ”

すべてのナポリの人間が辛抱強いわけではないようだ．前世紀，“アラ・ナポリターナ（ナポリ風に）”のコーヒーを待ち切れない，両シチリア王国の住民がミラノからエンジニアの友だちをよんで，新しいタイプのコーヒーメーカーを作らせ，それを用いて良質で，濃く，薫り高いコーヒーを30秒以内で作ることができるようにした．いまでは，コーヒー1杯はコーヒーの生育やコーヒー豆の収穫，ブレンドの作り方，そして明らかに豆を煎ったり，挽いたりする秘密の玉手箱そのものだ．コーヒーメーキングの技法の背景には，洗練された技術がある．エスプレッソの器具は前に述べた単純なものに比べて，ものすごく複雑になっている．

通常，エスプレッソの器具はバーかレストランにしかないが，熱狂的なコーヒー愛好家のために，図14.4のような家庭向き仕様も存在する．プロ用の器具のタイプでは90～94°Cのお湯が，細かく挽かれたコーヒーが置かれたフィルターを介して9～16気圧で押し込まれる．すべての工程は15～30秒で行わ

図 14.4 エスプレッソの家庭版も印象的だ．

れ，それで，一つか二つのカップ（20～30 ml）のエスプレッソができる．液体がフィルターを通過するときの機構はモカと同様，ダルシーの法則で説明できる．ここでの温度は約 90° C と低いが圧力は 10 倍高い．より高い圧力にすると，コーヒー粉の中を通過するスピードを増し，低温にするとコーヒーの香りを決めている成分が分解しなくなる．これは奇異に感じられるかもしれないが，エスプレッソはモカで作られたコーヒーよりカフェインが少ない．なぜならコーヒーとお湯の接触時間が，モカでの 4～5 分に比べて，20～30 秒と，短いからである．最初のエスプレッソの器具はパリに 1855 年に現れた．バーやレストランで使われている現代の器具では，お湯の圧力はポンプを用いて必要な値まで上げられる．昔の器具では，お湯はフィルターの下で，容器内にある加熱シリンダーにある．レバーをもち上げて，そのお湯を引き入れる．次いで，同じレバーを下げると，お湯はフィルターを通過する．液体に与えられた圧力は，このようにして腕の力で作られ，レバーのてこの動きで昇圧される．

コーヒーが器具の噴出口から出てくるのを観察しているだけでも楽しいものだ．第一に液体は連続ジェットのように噴出して，だんだん弱くなり，最後に液滴がしたたって終わる．類似した簡単な現象でこの現象の理解を試みよう．著者は，太陽が屋根に積もった雪を暖めて，雪がゆるんだとき，山で同じ効果を観察したことがある．このときも，水はつららから液滴になるか，連続的なジェットのように落ちる．この転移が起こる臨界流束を見積もってみよう．

水はゆっくり落ちるとする．流水量が非常に小さければ，ジェットが起こらないのは明らかだ．つららの最下部で液滴ができ，緩やかに成長し，臨界サイズに到達し，落ちるというプロセスがくり返される[b]．その流れがゆるい限りは，準静的なプロセスになる．平衡の条件では，重さ mg が表面張力，

$$F_\sigma = 2\pi\sigma r \tag{14.7}$$

[b] このプロセスは図 3.8 によく示されている．

を超えたとき，液滴は離れて落ちる．ここで r は液滴の首の半径であり，

$$mg = 2\pi\sigma r \tag{14.8}$$

となる．液滴が生成されるのに要する時間は，

$$t_d = \frac{m}{\rho Q_d} \tag{14.9}$$

となる．ここで，Q_d は体積束（単位時間あたりに流れる体積），ρ は液体の密度である．

表面張力と重力の合成力で，液滴は平衡を保っている．質量が臨界値に達したとき，表面張力は重力に抗しきれなくなり，つららと液体の結合が壊れる．関連した特性時間 τ は次元解析から計算できる．粘性が η の液体は表面張力の効果で，r 程度の距離だけ移動しなければならない．いまの場合，離脱時間 τ と特性距離，すなわち半径 r を関係づける次元の関係を書き出す必要がある．まったく同じ問題はすでに 4 章で解析され，式 (4.2) を思い出せば，結果は，

$$\tau = \frac{r\eta}{\sigma} \tag{14.10}$$

と読み変えられる．液滴から連続的なジェット状態への変化は明らかに，一つ目の液滴が最初に落ちる前に他と結合したときに起こる．すなわち，

$$t_d \sim \tau \qquad \text{として} \qquad \frac{m}{\rho Q_d} = \frac{r\eta}{\sigma} \tag{14.11}$$

となる．平衡の条件 (14.11) から，液滴の質量を求め，最終的に明確な表現，

$$Q_d \sim \frac{2\pi\sigma^2}{\eta\rho g} \tag{14.12}$$

を得る．

こうして Q_d はつららの先端の大きさに無関係だということがわかる．エスプレッソ器具では出口の面積が実際は，臨界流の値に影響を与えることがある[c]．

[c]訳注：臨界流とは，液滴流から連続的ジェット流になるときの流量．

しかし，式 (14.12) によれば，臨界流は出口の断面積に強く依存しないことがわかる．

14.7　インスタントコーヒー

昨今の生活の急速化への要求からこのタイプのコーヒーが現れることになった．それは実際のコーヒーを高温，低圧で蒸発させて作られる[d]．結果として得られた粉末は，真空容器に入れられ，長期保存される．飲むときには，粉末を単に熱湯に放り込めばよい．

14.8　エスプレッソのテーマの諸々

エスプレッソメーカーとよいコーヒー混合比と出会えたら，それは発明に値する．例えば，イタリアのバーで，以下のようなコーヒーを注文できる．濃い**リストレット**（伊："caffè ristretto"，英："restricted"）はコーヒー量は標準で水は少ない．"**カフェ・ルンゴ**"（伊："caffè lungo"，英："long"）はコーヒー量は標準で水は多め．"**カフェ・マキアート**"（染みのついた，まだら模様の意，伊："caffè macchiato"，英："dappled"）はエスプレッソにミルクを入れたもの．"**カフェ・コレット**"（伊："caffè corretto"，英："正統な correct"）は酒入りコーヒー．"**カプチーノ**" はエスプレッソが中サイズのカップに入っていて，泡が蒸気で軽く打たれたミルクが加えられている．気の利いたバーテンがミルクをコーヒーに注ぎながらあなたのイニシャルを書いてくれることもある．カカオを泡に加えることもできる．

---

[d]脱水は高温空気中で吹きつけて，乾燥は真空，または，フリーズドライ（冷凍乾燥）法で行われる．方法は製造業者によって異なる．

いまでもナポリでは，わずかながらもいくつかのバーで“**カフェ・プレパガート**”（“前払い（prepaid）のコーヒー”）が出されていると聞く．粋な格好をした紳士が淑女を伴ってバーに入りそこで三つ注文する．二つは彼ら自身のために．もう一つは“前払い”のために．少し経つと，貧乏人が来て同じバーで，“**カフェ・プレパガートはありませんか？**”と尋ねる．するとバーテンが彼に無料のコーヒーを注いでくれるという仕組みだ．ナポリはナポリのままであり続ける… 映画「トト」の中だけでなく．

`Let's try!` つららから液滴が離れる時間が，液滴が11章にある合体する時間とどうして同じなのか?

15章　“いまこそ飲むべし”：物理屋はワイングラスを囲んで語らう

おお，いとしい子供よ．貴重な聖餐杯をもて，
　ゼウスとセメレの子のために
　　人類にワインを与えたもうた
　　　悲しみを忘れさせるために

—アルカエウス（Alcaeus）[a]

ワインはこの世で最も文明的なものだ．完全無垢に至ったこの世で自然なものである．そして，ワインはお金で買える感性に訴えるものの中で，もっとも大きな楽しみと感謝をもたらす．

—ヘミングウェイ[b]，“午後の死”

15.1　ワイン起源，ワインつくりの方法

何世紀にもわたって詩人，作家，ジャーナリスト，ワイン醸造研究家に創造されてきたワインのアイデアに，何をつけ足すことができるだろうか? この章に対する銘文“いまこそ飲むべし[c]”は 2,500 年間ものあいだ書かれてきた．章頭の句は文明の最古の詩人によるものであり，2 番目の句は最も人気のある現

[a]アルカエウス（Alcaeus, 620–580 B.C.）．ギリシャの詩人．
[b]アーネスト・ヘミングウェイ（Ernest Hemingway, 1899–1961），アメリカの作家．
[c]“いまこそ飲むべし”はラテン語“*Nunc est bibendum*”の銘文．

代作家によるものである．これらはワインを称賛するもので，大地と最も価値のある果物の一つへの愛の表明だ．この果物は，労働と技能で神聖な飲み物に変換され，人々の生活では特別な役割を演じている．これらの所見は何か，われわれがこれから話そうとしていることでもある．

ワインの起源は先史時代の地下倉庫にさかのぼることができる．考古学者はそこかしこにブドウの痕跡を見つけている．紀元前何千年か前，おそらくインド原産のブドウの木の果実が知られていた．検証は難しいだろうが，伝説によれば，ワインはペルシャ王の宮殿で発見された．王宮に住んでいて苦しんだ女性が自殺を決心した．牧師のような男の助言に従い，宗教的な儀式を執り行うように指示され，彼女は変な様相の液体を飲んだ．その液体はブドウの詰まった大きな容器の底にできたものである．結果は予期せぬものだった．彼女のうつは消え去り，陰気な考えはどこへやら，幸福感に浸るようになった．この事件のおかげで，この飲みものの本質が見いだされることになった．個人的な試験のあと，王はワインを定例の飲みものとして採用した．そのとき以来，ワインの地位は上昇し，聖餐の飲みものにもなった．キリスト教の慣習でワインは聖餐式の儀式の一部分になった．ユダヤ人のキッドゥーシュの儀式で祝福の式典がワインとパンで執り行われる．アラブの伝説ではアダムはワインに慣れ親しんでいると書いている．さらに，“禁断の実” はリンゴではなくブドウだとしている．アーリア民族のインドから西への移動はおよそ紀元前 2,500 年前とされ，これらの手法は古代世界にくまなく広まった．ワインはシシリアで紀元前 2,000 年には作られていたことは確かで，おそらくギリシャ人やエジプト人による植民地化によるものだろう．しばらくして，現在のイタリアに住んでいたサビニ人たちと（プッサン（N. Poussin）の絵 “サビニの女たちの略奪” を思い出す），現在のトスカーナ地方のエトルリア人が 3,000 年前に，ワイン作りを始めている．古代，人々はワインによる病気の治癒効果を認めており，傷口への敗血症対策に用いられた．ワインに基づいた処方はエジプトのパピルスにも見つかっている．ヒポクラテスはワインを炎症防止に使った．ローマ人についていえば，ホレーシオ（Horatio）とヴァージル（Virgil）が彼らのたくさんの作品の中でワインをほめ称えている．紀元前 42 年，コルメラ（Columella）がワイン用のブドウの栽培方法の素晴らしい指南書を書いた．紀元後 1 世紀の頃，ワイン製造はローマ帝国中に広く流布した．ワインの過剰生産を抑えるために，皇帝ドミティアヌス（Domician）は帝国内のブドウ畑のブドウの作付面積を半分にさせた．200 年までには，ババリア族の侵入に関連した農業の危機からワイン用のブドウの栽培が減退した．そしてまもなく，イスラムが歴史上に台頭すると，コーランがアルコールの使用を禁じたため，これは完全に消滅した．

中世には，城や修道院で，散発的にワインが作られた．ルネサンスの時代のみ，すなわち 16 世紀の初め，ヨーロッパではワインの大量生産が戻ってきた．ヘミングウェイによれば，ワイン製造の発展は，芸術と文化の回復とともに，文明の発達と野蛮からの解放を際立たせるものだ．現代のワイン醸造学—ワイン製造科学—は，ワイン製造用のブドウ栽培の劇的な事件によって，20 世紀の初頭に起源をもつ．人々の大量移住で異常な寄生生物がワイン製造地にもち込まれ，ワインの木を壊滅させた．これらのうどん粉病（*Uncinula necator*）やべと病（*Plasmopora viticola*）のような寄生生物は硫黄や銅が主体となった化学物質で駆除された．しかし，かの悪名高きネアブラムシ（*Phillossera vastatrix*）は殺虫剤に抵抗力を示した．かつて，ヨーロッパからの入植者がブドウの木をアメリカにもたらし，新しい環境に合うように品種改良していった．その木の根は外部に対する防御組織を発達させ，ネアブラムシに対して打ち克った．その効果が参考になり，最高のヨーロッパの植物 the *Vitis vinifera* の虫害被害のとき，ワイン作りの専門家たちはアメリカ合衆国の気候に合った台木に接ぎ木した（*Vitis riparia*，*Vitis rupestris*，*Vitis berlandieri* がそれらである）．彼らの子孫は文字通り，現在のヨーロッパ風のワイン用ブドウ栽培の起源になった．*Vitis vinifera* を起源とする古いヨーロッパのワインはいまでもヨーロッパのいくつかの小さな地域に残っている．ヘレス（Jerez，スペイン）とかコアレス（Colares，リスボン付近）で，砂っぽいカビがネアブラムシの成長を妨げている．さらに，モーゼル（Moselle，独）やドーロ（Douro，スペイン）地域では，シェール土壌が同じ役割をしている[d]．今日，ブドウの木の病気との闘いは，殺虫剤もときには有用だが，ブドウの木の栽培家の主たる関心事である．例えば，灰色の沃土ボトリティス（*Botrytis*）は有益な沃土の種類と思われている．ソーテルヌ[e]では秋に頻繁に霧が出て，ボトリティス・シレレア菌というカビの感染を促進させる．もっともカビが増殖した果実では，カビが20%もの水分を吸い取り，ブドウジュース内の糖分を増大させ，ソーテルヌ・ワインをロックフォール[f]とフォアグラ[g]のパテと組み合わせると，何ともいえない独特な至高の味を醸し出す．

ブドウが収穫され，圧縮されたあと，発酵が始まる．ワイン用の果実は特別な性質をもっている．ブドウの皮に傷をつけ，ブドウジュースの状態にして短期間放置するだけで，自然な発酵—糖分からアルコールへの変換—が始まる．この過程は**サッカロミケス酵母**，すなわちブドウの皮にあるイーストの存在によって起こる．ときにはイースト菌がブドウジュースに人為的に加えられる．この方法は“誘導発酵”とよばれる．発酵の過程で，糖分はエタノール，二酸化炭素，グリセリン，酢酸，乳酸その他もろもろに変わる．ここでは本質的な物質のみについて述べる．よいワインを創造する方法を書くのは，傑作の絵画を描く方法や，大理石から傑作を掘り出す方法を記述しようという試みと同じように難しい．ここでは，ワイン製造のときに起こっているある種の物理現象の

---

[d]訳注：シェールは最近ガス採取層として知られることになった．

[e]ソーテルヌ（Sauternes）．フランス南西部，ピレネーから発して，トウールーズ，ボルドーに流れるガロンヌ川の左岸にある地名．（訳注：この名を冠したワインは，貴腐ワインとして知られている．）

[f]ロックフォール（Roquefort）．有名なボルドー付近のフランスのチーズでたくさんの青カビがある．

[g]フォアグラ．特別に飼われたガチョウの肥大した肝臓．珍味．

記述に限ることにしよう．ブドウの皮にはもともとイースト菌があり，それがジュースをワインやワイン酢（ヴィネガー）に変えさせる．もし，ある方向に仕向けることがなければ，イースト菌は飲みものを腐らせるだけだ．そのため，あるワイン醸造研究家は，主はブドウジュースをワインにするつもりはなかったといったくらいだ．最終的には，酢になるだけだと．そのような好まざる結果を避け，発酵を利用できるように好ましい方向に導くのは人間の責任だ．そのような発酵の方法は，化学反応過程の知識に基づいており，高い技術（ハイテクノロジー）により，家庭で醸造されるワインよりよいものが生みだされることになる．今日，例えば，高品質のワインをつくるために，ワイン醸造研究家はブドウの面積あたりの密度を限定して，立派なブドウを作る．昔は，ワインメーカーは背の高い木を好んでいた．収穫が楽だからである．いまでは，ワインの質を高めるために，背の低い木が育てられている．果実に，太陽光で熱せられた地面からの熱を与えるためである．昔は，イースト菌の活動と逆の酢酸菌の効果はある種の化学物質で制御されていた．いまでは，細かいろ過やより低温での冷却という別の方法が主流になった．

発酵は発熱過程で，際立った発熱を伴う．その結果，制御されずに製造されるとワインの温度は 40～42°C にも上昇してしまう．この場合，発酵自体には問題はないが，揮発性の高い果物や花束を作るような花の香りが失われる．近代的な製造工程では，熱フラスコを思い出させるような二重の壁をもつステンレスのタンクで発酵が行われる．冷却体が壁の中を循環し，温度を 18°C より上がらないようにして，ワインの香りが保たれるようにしている．しかし，この方法だと発酵により長期間を要する．自然の低温条件での発酵が 7～8 日なのに対して，この方法では 3 週間もかかる．

細かいろ過や冷却で，酸化防止のために以前は加えられていた，ある種の亜硫酸をワインに入れなくて済むようになった．二つの要素がこの過程で働いている．1%のアルコールが増えるとワインの凍結温度を 0°C に対して 0.5°C 程度下げ，12%のアルコール含有のワインは –6°C で凍る．同時に亜硫酸化合物はワインの中に見つかっているペプチドと有機錯体を形成する．これらの錯体は小さな結晶を形成するので，ワインが凍る前にもろ過できる．これらの手法をさっと見るだけで，いかに現代のワイン造りが研究所スタイルになってきたかということがわかる．低温にすることでワインの糖の量を増やす効果があり，ブドウは圧縮される前に若干凍結される．水の一部分は氷になるので，糖の含有量はもともとのジュースより高くなる（ドイツ，オーストリア，カナダでは **アイスワイン**とよばれる）．甘いワインのために，エルバルーチェ（伊：Erbaluce）やカルーゾ（伊：Caluso）といったブドウを乾かして糖を増やす別の方法もある．シチリアやイタリアの他の地域ではパチソ（passito），クリミアではムスカート（muscat）とよばれたりしている．アルコール飲料とその消費に関連して，いくつかのおもしろい物理的現象を探検してみよう．

15.2　ワインの涙

　われわれがワインをグラスの中で回すと，おもしろい現象を観察できる．ときどき，グラスの内側にコーティングのようなものが残る．粘性のありそうな細い流れになり，これを足（legs）とか涙（tears）とよんだりする．これらは，グラスをゆっくり滑り落ちていき，ワインの液面に戻っていく．ときどき，涙の存在がワインの高品質を謳(うた)っていると，信じられていることすらある．ワイン通はこの涙に（保湿剤的センスで）グリセリンとか豊満というような単語をもち出してのテーブル談義が好きだ．この物理的な意味の解析を行ってみよう．まず，“ワインの涙” を調べるために，充分に強い（20%以上の）アルコールの水溶液では，回してみたり，グラスを振る必要がない．薄膜の形で壁に沿ってはい上がる物質の対流のめずらしい効果と，その対抗流としての “ワインの涙” が動かずじっとしているグラスでも観測される．流体力学では，現象の第一の部分はマランゴニ（Marangoni）効果として知られている．それは，そのような薄膜では，表面張力が高さで異なることに起因して，薄膜の境界が重力に逆らって運動することだ．要点はアルコールが水より速く，薄膜の表面から蒸発することにある．表面張力は水の方がアルコールより大きい．厚さが結果として空間変化しており，薄膜表面からの非一様なアルコールの蒸発（グラスのワイン表面の上下に沿って）はアルコール濃度勾配となり，それが表面張力勾配となる．この空間的な不均一性は薄膜をガラスの壁に沿って引き上げる力を発生させる．この境界の運動の詳細は，1992 年にフランスの物理学者フルニエとカザバ[h]によって研究された．彼らは薄膜境界の移動（上昇）距離 L と時間 t に，

$$L(t) = \sqrt{D(\varphi)t}$$

のような驚くべき関係を見つけた．

実際，そのような関数の依存性は物理学では知られていた．それは，最初にはアインシュタインとスモルチョフスキーが理論的に導いたもので，それによって拡散運動における粒子の有効な移動量と，拡散時間の関係が確立された．アインシュタイン–スモルチョフスキーの公式での係数 D は，いわゆる拡散係数とよばれるもので，粒子の速度と平均自由行程で定義される．フランスの科学者たちは実験で，拡散係数 $D(\varphi)$ が溶液のアルコール分量（proof）φ にどのように依存するかを見つけた（図 15.1）．

以前に述べたように，溶液中のアルコール分量が 20%（$\varphi < 0.2$）以下なら，自発的な薄膜上昇は滅多に見られない．驚くべきことに，直感とは裏腹に係数 D の最大値は，アルコールの蒸発率が低いにもかかわらず，比較的濃度の薄い溶液で得られる．実験データを見ると（図 15.1 中の曲線データ），拡散係数 D は $\varphi = 0.9$ のとき最小になり，さらに驚くべきことには，$\varphi = 1.0$ になってもゼ

[h] フルニエ（J. B. Fournier）とカザバ（A. M. Cazabat），“ワインの涙”，*Europhysics Letters*, **20**, 517（1992）．

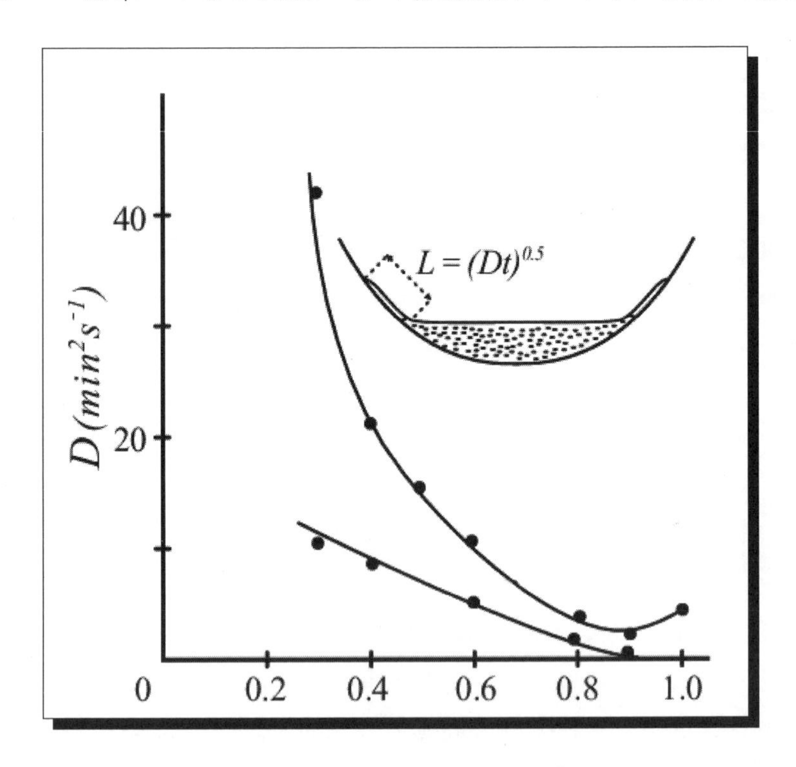

図 15.1　拡散係数のアルコール分量依存性．上の曲線は蒸気を含んだ通常の空気，下の直線は乾燥空気環境での実験に対応．壁に沿って上に行くほど，アルコールの蒸発によってアルコールの濃度が下がり（グラフではより左に向かう），拡散係数が増大し，液膜を上に上に押し上げようとすることがわかる．挿入図はカップの底にたまったワインがカップの壁を L の区間にわたってはい上がる様子．

ロにならず，純粋なアルコールでもガラス壁を登っていく．著者たちはこの現象は純粋アルコールが大気から水蒸気を吸収するためと思っている．そこで水を吸った純粋アルコールはわずかな表面張力勾配を作っているに違いない．この仮説は純粋アルコールを乾燥した空気中に置く実験をくり返すことで確認された．乾燥空気中に対応する係数 D は小さく，かつ φ の増大とともに単調減少し，$\varphi < 0.2$ ではゼロになることがわかった（図 15.1，下の直線的なデータ）．

ここで，ワインの涙の形成の議論に移ろう．第一にそして，最も明らかな形成の原因は重力である．重力は表面張力と反対方向に作用し，逃げ出そうとする液体を下によび戻そうとする．しかし，いわゆるレイリー（Rayleigh）の不安定性という原理から，この戻りは（分離したしたたりの形での）非一様な性質を示す．この複雑な現象は事例を見ると深くわかってくる．ボートが湖に浮かんでいると，それは水の表面に波としての摂動を発生させる．時間が経つと，波は減衰し，水の表面は初期状態に戻る．もし湖がひっくり返るとすると（すなわち，重力が表面から底に向かってではなく，底から表面に向かうとすると），波は平和裏に鎮まるどころか，水平からのわずかな逸脱も大増幅し，スコール（突風を伴う大雨）になり，ボートを転覆させることになるだろう．この不安定性はワインの涙の形成に利いている．小さな摂動からも，マランゴニ効果で急上昇した薄膜の境目を不安定にさせる．ランダムな不均一性により，小さな水滴がグラスの表面に現れる．それらは液を境界領域から飲み込み，あとに美しいアーチを残す（図 15.2）．

こうして，溶液中のアルコールの濃度がより高くなり，マランゴニ効果で，ワインの涙ができるときの表面張力による結合効果が弱くなればなるほど，ワインの涙がよりたくさん現れ，細流間の距離がより短くなるという形で現れる．しかし，この依存性はたいへん弱いので，それはワインの涙のでき具合をもって，ボトルのラベルを見ないで，ワインのアルコール分量を示せるような信頼できる指標にはできない．グリセロール[i]（$C_3H_5(OH)_3$）についていえば，ワイン中の甘いアルコールの分量は（1~2%の程度で）通常たいへん低く，ワインの味に影響するにもかかわらず，表示に現れるアルコール分量数値には何も影響しない．通常のエタノールはワインの特性と中身を決める．低濃度エタノー

[i]訳注：別称グリセリン，3 価のアルコールの一種．

図 **15.2** グラスの壁にできたワインの涙.

ルワインは粘性が低いので，グリセロール分量がワインの粘性すらも決めていないように見える．こういうことからも，ワインの涙，またはその流れはアルコール中のグリセロール分量の正確な判定材料にはならない．

15.3 シャンパンとその泡

厳密にいえば，フランスのシャンパーニュ地方で特別なプロセスで作られたスパークリングワインのみがシャンパンという名前をつけてもよいという法律上の排他権利をもっている．それ以外はただのスパークリングワインで，その数は山ほどある．スパークリングワインは特別な発酵で作られる．それは多様なブドウの種類から作られる．しかし，ルールとして三つの種類だけが用いられる．ピノノワール (Pinot Noir)，ピノムニエ (Pinot Menier)，シャルドネ（Chardonnay）である．このなかでシャルドネは確かに白い．もしラベルが Blanc de Blanc（白中の白）と書いてあったら，それはスパークリングワインが純粋なシャルドネから作られていることを意味する．Blanc de Noir（黒中の白）は，シャルドネが使われていないことを示す．ロゼ（rosé）といわれるシャンパンもある．ロゼ・シャンパンの作り方には 2 種類ある．辛口の赤ワインで白ワインを "修正" するか，しばし皮つきでろ過しないままのジュースにしておいたあとでろ過してシャンパン作りに進むかである．

15.3.1 シャンパン製造法

もし，あなたがシャンパン製造法（Méthode Champenoise）という表示をラベルで見たら，ワインは次の方法で作られていることを意味する．シャンパーニュ地方では，ブドウは果実に傷をつけないように手で収穫される．すると皮にいるイーストはジュースの中には入っていかない．葡萄は 2 回押される．1 回目の押しで，80%のジュースが取り出される．それから作られたシャンパンはキュヴェ（Cuvée）とよばれる．残りの 20%から作られるものはタイユ（Taille）と名づけられる．最高のシャンパン・ハウス（maison de champagne）はタイユを作らず，キュヴェだけを作る．ワインを二酸化炭素で満たす方法はいくつかある．その方法は，上述の白ワインの発酵から始まる．次にワインは前年から保存してボトル詰めしてあったワインと混ぜられる[j]．のちに，糖とイーストがすべてのボトルに加えられ，ボトルはビールのキャップのように一時的にコルク栓で閉じられる．第二次の発酵が始まる．シャンパンはボトルの中で数年寝かせる．通常は 3 年を限度としているが，特別な場合には 6 年までのものもある．法律があって，シャンパンは 1 年以下のものは禁じられている．次のステップ

[j] 新旧のワインを混ぜることをドザージュ（dosage）とよぶ．糖分の付加量で，シャンパンは辛さ，甘さの感じによってラベルづけされる．極辛口（Brut），辛口（Extra Sec），中辛口（Sec），中甘口（Demi-Sec），甘口（Doux）などである．

はシャンパンからイーストを除くことだ．この過程で，ボトルは特別なラックに置かれ，そこではボトルはひっくり返されたり，毎日15°傾けられたりして，死んだイーストがコルク栓の上にたまるようにする．最後の作業はイーストを取り除き，コルク栓を臨時のものから永久的なものに代える．この過程は簡単ではない．その理由はシャンパンはこのときまでに二酸化炭素で過飽和になっているからである．*Méthode Champenoise* ではボトルを振らずに開けて，イーストがついた一時的なコルクを永久コルクにおき換えるのは熟練の名手が必要になる．しかし，最近の低温技術の導入により流れ作業がもたらされた．ボトルの首を凍らせてついたイーストを取り除き，再びコルク栓を取りつける．

15.3.2　泡とその集合体

スパークリングワインが高圧に耐えられる特別なボトルに入れて売られていることをわれわれは知っている．理由は準安定な状態であるため，もし外部条件が変化すると，大量の二酸化炭素が抜けかねないからである．こうして，例えば，シャンパンボトルの開け方には，目的，技術，あるいは，それを開けようとしている人の性格によって，いく通りかある．第一には，ボトルから少しガスを逃してやる方法．それにはコルクをゆっくり引っ張り，飲みものをこぼさないようにフルート（シャンパン用の細長いグラス）に入れる．または，コルクを天井にぶつけて，新年を祝うこともできるがボトルの半分は泡になってこぼれてしまう．これはフォーミュラ・ワン（F1）のミハエル・シューマッハが彼の勝利を祝った方法だ．秘訣は単純で，たくさんの泡を出すには，ボトルを開ける前に一生懸命に振ることだ．結果として，ボトルの首にあるガスはシャンパンと混ざって，多くの泡を形成する．コルクが発射されると，ボトルの内圧は急降下し，以前からできていた泡が，液体全体に一様に広まっていた二酸化炭素の核になって放出される．こうして，シャンパンは火災時の消化泡のようになり，F1 の勝者の歓喜を示すことになる．シャンパンの泡は F1 を見ていた人以外も楽しませる．物理専攻の学部学生が，言語学専攻の異性の学生の関心をひきつけるために，シャンパンやミネラルウオーターのグラスにチョコレートの大きなかけらを放り込むかもしれない．読者自身もそれを試みたらよい．チョコレートは沈んで，少しあとに浮いて，また沈んでいく．振動は数回続く．この謎は読者自身が考える楽しみに残しておき，シャンパンの泡のあまり明白でない性質についての議論に進むことにする．

シャンパンについていうなら，物理屋はその非日常的な音響的性質を見逃すわけにはいかない．2 章では，この話題にすでに触れている．すなわち，どのようにシャンパンの泡がグラスのクリスタル・ティングル（水晶のささやき）を奏でるかについて触れた．ここでは他の現象に注目する．特に，“ペルラージュ” すなわち，シャンパンの表面で泡がはじけてシューシューと立てる音についてである[k]．グラスに注いだばかりの新鮮でシューシューというシャンパンの音は泡の中に生ずる小さな雪崩（連鎖現象）に起因している．シューシューという音は自発的な破裂の和である．そのようなミクロ爆発の特徴はベルギーの物理学者[l]によって最近研究された．もし，そのような破裂の 1 秒あたりの数が一定なら，チューニングの取れていないラジオが出すような “白色雑音” に聞こえるに違いない．このシューシュー音は広い周波数にわたって一様なスペクトルのときの音響過程で起こる．注意深く調べた結果，シャンパンから吹き出る泡の音響スペクトルは白色雑音と何の関係もないことがわかった．高感度マイクロフォンを用いた測定によると，信号強度は振動数に強く依存することがわかっ

---

[k]訳注：ペルラージュ（perlage）は，アメリカで取得された特許技術を用いた「炭酸ガス高圧充填システム」とそれを保護する特別な堅い容器により，シャンパンやスパークリングの酸化・ガス抜けの問題のすべてを解決できる器具として，この名で 2009 年からアメリカで発売されている商品となっている．

[l]ヴァンデヴァーレ（N. Vandewalle），レンツ（J. F. Lentz），ドルボロ（S. Dorbolo），ブリスボア（F. Brisbois），“泡の崩壊で，はじける小泡の雪崩（Avalanches of Popping Bubbles in collapsing Foam）”，*Phys. Rev. Lett.* **86**, 179（2001）．

た．この周波数特性は泡の吹き出し方と強く関連しており，集団的に起こり，互いに影響し合って起こることで発達することがわかった．すべてのショットは 10^{-3} 秒程度続く．いくつかのものは，速く起こり，一つひとつ，それらの雑音は独特で，（可聴域で）聞こえるような音響信号になる．ある種の泡は独立にはじけ，それらはほとんど聞こえない．泡の壁の液体が重力で下に落ちて，泡が薄くなって崩壊するたびに，泡は吹き出る．（泡が速く吹き出てしまう）シャンパンの代わりに，科学者はこの過程を，泡がゆっくり消えていく石けん水で調べた．そのような都合のよい物体で，引き続く二つの泡のはじける間隔の長さの時間依存性を調べることができた．彼らは，この時間依存性がべき依存性をもっていることを発見した．これは，そのような時間間隔には特徴的なスケールが存在しないことを意味する．そのような引き続いて起こる事象間の時間は，ミリ秒から数秒まで任意の値をとりうるということだ．そしてさらにこの測定の結果は，時間間隔を予言する手法がないということを意味する．同じようなべき乗則は（特徴的な振幅をもたない）地震，土砂の流れ，太陽フレアなど多くの自然現象の特徴であることがわかっている．通常，それらの現象は，要素間の相互作用が系全体の振る舞いに重要な役割を果たすような系で起こる．こうして，雪崩を引き起こしそうな斜面を転がる小石は，恐ろしい災害を引き起こすかもしれないが，あるいは単に一つだけ転がり落ちるときもあるのだ．

15.4　“パン”ワイン — ウォッカ

ブドウの木は北方ではよく育たない．そんなところでは，ワインはリンゴ（北フランスでのカルヴァドス），プラム，アプリコット（ブルガリアやチェコのスリヴォヴィカブランディ），その他，別の穀物（ブルガリアのウィスキー，ロシアのウォッカ）からの発酵前の果汁からの蒸留で作られた他の飲みものにおき換えられる．昔，ロシアでは，ウォッカはブレッドワイン *N*21（パンワイン，スミルノフ）とよばれていた．いまでは，フランスやイタリアでのブドウワインのように，ウォッカもテーブルに供される．読者は昔の飲みものがだいたい40%ものアルコール（エタノール CH_3CH_2OH）含有量をもっていたことを考えたことがあるだろうか? 第一の理由は，伝説で見つけることができ，物理的証拠がある．ロシアの皇帝，イヴァン雷帝（1546–1584）がウォッカ生産をロシアの政府独占とし，政府がその質を保証することとした．酒場のオーナーたちは，彼らの利益を増やすために，ウォッカを薄め始めた．ウォッカのお湯割りを出され，低品質のウォッカに客たちは不満だった．このようなことを止めさせるために，ピョートルI世はパトロンたちに布告を出した．もしウォッカの表面が燃えなかったら，“酒場のオーナーは鞭打ちで死に至らしめよ” というものであった．40%のアルコール分量が，室温で表面で燃えるかどうかのしきい値だということがわかった．自然と，酒場のオーナーたちはこの下限の分量を，利益の魅力と健康の妥協に達するようなあたりとした．この “マジックナンバー” には別の理由もある．体積膨張はよく知られた現象だ．温度が上昇したとき，物体の体積は増大し，温度低下で，体積は減少する．アルコールを含むほとんどの物質はこの法則に従う．水は別である．4° C 以下では，水は温度低下とともに体積が増大する．凍ったとき，その比体積は10%も急上昇する! このために水を詰めたボトルは氷点下以下の屋外に放置してはいけない．しかし，ウォッカは外に置いてもよい．シベリアでは，ウォッカボトルの箱が外においてあっても平気だ．説明には二つのポイントがある．第1に，それほどアルコール分量が多いと，結晶化が起こらず，温度低下で，比体積が不連続に増えることもない．第二に，体積比率が4 : 6のとき，全体積膨張率はゼロに近くなる．水の膨張率の普通のものからの負への “ずれ” はアルコールの “普通” の正の膨張率でつり合うのだ．ハンドブックの表を見るだけで，水の熱膨張（$\alpha_{H_2O} = -0.7 \cdot 10^{-3}\,{}^\circ C^{-1}$）とアルコールの熱膨張（$\alpha_{C_2H_5OH} = 0.4 \cdot 10^{-3}\,{}^\circ C^{-1}$）を比較することができる．

40%を用いる第三の理由は，有名なロシアの化学者メンデレーエフの発見による．彼は，40%のウォッカは開放しておいても，アルコール分量が変わらないことを証明した．こうして，ウォッカの一口がテーブルに置き放しになったまま朝になって，同じものが注がれ，それが二日酔いを治すのに効くほどだ（ワインやシャンパンではあり得ない）．興味のある読者は，13章を見て，液体の表面からアルコールや水が飛び出していく時間あたりの割合を見積もることができる．この計算の結果によると55%のアルコール濃度が安定な溶液とされる．その値はメンデレーエフの見積もりをはるかに超えているが，製造現場ではその値が用いられている．重要な点は，溶液中のアルコールや水の分子は相互作用しており，2種類の気体が相互作用せずにただ混合して混在しているような“気体モデル”では考えることができないということだ．第四の理由はアルコール度数が40%のウォッカはこの濃度の近くで粘性のジャンプがあることだ．希薄溶液では，アルコール分子は水分子と周囲の空間を共有し，実際には相互作用しない．40%くらいの濃度のとき，溶液は濃くなって，一次元鎖を作りだす．すなわち，ポリマー化が起こり始める．その結果，粘性は劇的に変化し，溶液は人間にとって感触がよくなる．著者の知っている最後の5番目の理由は，較正方法に関連している．すなわち，家庭で作ったワインの質のコントロールと関係している．ラード（豚の脂肪）のかけらをアルコールと水の溶液に入れると，40%アルコールのときだけ中立平衡になる．もっと濃度が高いときにはラードは沈み，低いときは液面に浮き，ちょうどの40%のときだけ，液中で浮遊する[m]．

[m]メンデレーエフ（Dmitrii I. Mendeleev）に帰すことができるが，まだ述べていないことは，その濃度がアルコールの水和に最も適しているということだ．法則として，溶液の体積は元の体積より小さい．水とアルコールの混合物では，この体積減少は $V_{alcohol}/V_{water} = 3/2$ のときに最大となる．これはウォッカの“他にないマイルドな”味の理由となっているに違いない．

15.5　心臓と血管の疾患を防止するワインの役割：フランスの逆説（ボルドー効果）

読者に次のことを思い出させてから，話を進めよう．

⚠ **米国の規則では，21 歳以下の人にはアルコール飲料は禁止されている．**

このような規則の必要性は，ここでは述べないアルコールの負の効果のためである．

図 15.3 は，世界各国での，人口 10 万人あたりの心臓と血管の疾患での死亡率を平均的な動物性脂肪の消費量（1 日あたりのキロカロリー）の関数として示したものである．この関係は明白である．動物性のコレステロールを摂るほど，

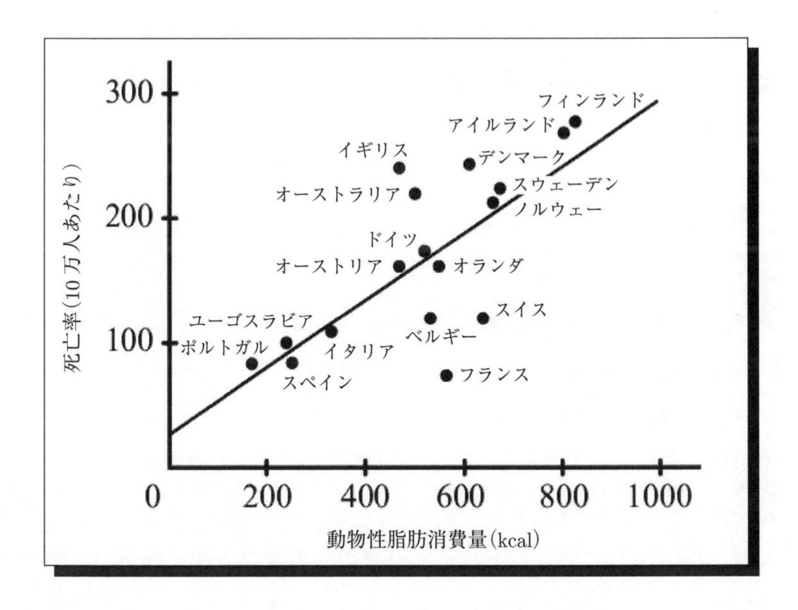

図 15.3　心臓と血管の疾患での死亡率の平均的な動物性脂肪の消費量は国を越えて普遍的に相関している．例外はフランスだ．

この死亡率がほぼ直線的に高くなる．しかし，相関から外れる点がある．この点がフランスだ．フランス人も十分たくさんの脂肪を摂っているが，この死亡率は相対的に低い．事実，フランス人はイギリス人よりたくさん脂肪を摂るが，心臓発作での死亡率は 1/4 だ．

この統計はモニカ計画（MONICA project）で 1992 年に取られたもので，*The Lancet* という医学雑誌で発表された．これらのデータの背景を最初に調べたのはコロンビア放送（CBS）の人だった．1991 年に彼は “フランスの逆説” といった人をひきつけるタイトルで公にした．それは後には “ボルドー効果” として知られるようになった．それが発見されたときから，この異常は赤ワインをフランス人がある程度の量を常に飲み続けることへの公認の根拠（お墨つき）になった．特にボルドー地域では．赤ワイン製造地域でのその他の科学研究は明快な結論に達した．“赤ワインの消費は心臓と血管の疾患を有意な量で減らす”．この背景にどんな理由があるのか? この問題にはそう簡単には答えられない．ポイントは赤ワインは 2,000 種もの異なった物質を含んでいることだ．種々の酸，フェノール，バニラ，そしてほとんどすべてのミネラルが微量含まれている．赤ワイン中のポリフェノールは約 1 g/リットルで，ブドウの皮で見つかったフィトアレクシン（Phytoalexin）は研究者の特別な関心をよび起こした．フィトアレクシンはトランス・レスベラトロールを含んでおり，これは抗酸化効果があり，脳細胞の老化を抑制する（*trans*-resveratrol[n]）．さらなる研究によると，ポリフェノールは非リボたんぱく効果をもっていることがわかり，それが心臓と血管の疾患の悪因であるエンドテリン-1（Endothelin-1）の影響を減らし，動脈中の血小板の形成を阻害することがわかった．この医科学研究のジャングルには深入りしないことにする．ここでは研究の物理的な方法に基づいて赤ワインの健康的な 1 日の摂取量を見積もってみる．モニカ報告のデータによれば，心臓と血管の疾患の確率は赤ワインの消費で，（しばしば自然界で起こるように）

[n]訳注：赤ワイン等に含まれる美肌，若返り薬．

指数関数則に従って，

$$I = I_0 \cdot e^{-b/b_i}$$

のように減少する．ここで，I_0 は非飲酒の人が病気にかかる確率，そして b_i は特徴的な定数でそれは日に 1 本程度と見積ることができる．しかし，心臓発作に対するこの抑制法にそんなに熱狂しすぎてはいけない．アルコールを摂りすぎると肝硬変のような重大な病気になる．ウォッカの消費量から危険は簡単に見積もれる．日に数カップのウォッカを定期的に飲み続けると，逆の健康効果が現れ，肝硬変の危険が増す．以下に，指数関数に基づいたモデルを，

$$C = C_0 e^{b/b_c}$$

のように，もう一度作る．ここで C_0 は非飲酒者の肝硬変の確率，b_c は日に 3 本ワインを飲む人向けの定数．二つの病気の確率を加えると，

$$W = I_0 \cdot e^{-b/b_i} + C_0 e^{b/b_c}$$

を得る．“最適な” ワイン摂取量は W が最小値をとるときだ．微分して，それがゼロになるときは，

$$\frac{dW}{db} = -\frac{1}{b_i} I_0 \cdot e^{-b/b_i} + \frac{1}{b_c} C_0 e^{b/b_c} = 0$$

であり，

$$b^* = 0.75\,(1.1 + \ln I_0/C_0) = 0.82 + 0.75\,\ln I_0/C_0$$

の式から，最適摂取量が見つかる．

非飲酒者の肝硬変と心臓発作の確率が同じと仮定すると（著者はその他のデータはもっていない），1 日あたり半リットルの赤ワインが “最適” 消費量ということになる．これが例えば，トスカーニ地方の農民が毎日摂取する

量[o]に相当する．

15.6　ワインの品質見積もりと属性：SNIF–NMR法

赤ワインの議論するときには，ボトルのラベルに記述してある産地に偽りがないことが大切だ．地域により性質が異なるからだ．現代物理学に基づいた方法，すなわちNMR（核磁気共鳴法）なら，ワインの産地を最も正確に決めることができる．SNIF（自然界の同位元素の特性量）に注目する．NMRは基本的に次のようなものである．原子核（例えば，水素原子中の陽子）は小さな磁気モーメントをもっている．一種のミクロなコンパスのようなものだ．一様な磁場中 $\boldsymbol{H}$ に置かれたときは，これらの磁気モーメントは磁場のまわりを（$\boldsymbol{H}$ に比例する）ω_L の周波数で歳差運動をする．ここで，コイルを用いて，もしラジオ波周波数（ω_{rf}）の小さな振動磁場を静磁場 $\boldsymbol{H}$ に垂直に加えたとする．ω_{rf} の振動数がちょうど ω_L のとき（読者はこれで，どうして“共鳴”とよぶかわかるだろう），原子核で吸収された電磁波のエネルギーは，磁気モーメントを $\boldsymbol{H}$ に対して反転させる．この現象は原子核の基本的な磁気的かつ角運動量の量子的な振る舞いに基づいているが，簡単なベクトル表現をすれば，現実の現象とかけ離れたものではない（詳細は第II巻13章を見よ）．われわれが強調したい点は，エレクトロニクスの道具により磁場の値 $\boldsymbol{H}$ を高精度で測定できることだ．吸収スペクトルの“NMR共鳴線”とよばれる磁場値 $\boldsymbol{H}$ で共鳴が起こるからだ．共鳴磁場は実際，原子核位置での局所的なもので，すなわち，外部磁場 $\boldsymbol{H}$ と電

[o]そのような毎日の節度あるワインの摂取の話は想像力をかきたてるほどのことではないが，ハイデルベルク城に行くと，観光客は世界最大の樽を見つけることができる．その樽からワインが吸い上げられ，特別な手動のシステムで，大きな食堂に導かれる．この城での1人あたりの平均消費量は，子どもから老人を含めて日に2リットルである．宮廷の道化師，小人のパーキーは，日に12リットルも飲んだものだ．肝硬変は彼の死因ではない．賭けに負けて，未処理の水を飲んだための赤痢で死んだからだ．

子の流れが作る小さな修正項（たいへん小さいが，検出可能[p]）の和である．こうして，共鳴線は電磁場の輻射振動数の値と（原子核のまわりの電子の環境に依存して）異なった値で起こる．例えば，エタノール CH_3CH_2OH では，CH_3，CH_2 と OH に関連した陽子の共鳴が 3 : 2 : 1 の強度比で起こることが期待される．こうして，共鳴スペクトルは分子構成の瞬間写真となる．SNIF 法はナントのジェラール（Gerard）とマルタン（Maryvonne Martin）によって 1980 年に編み出された．それは最初はワインに糖を加えるときの量を制御する目的から始まった．1987 年には，Eurofins Scientific という会社が設立され，アドホック（*ad hoc*）データベースが発足した．今日，このデータベースはフランス，ドイツ，イタリア，スペインの多くのワインの NMR スペクトルを収録している．SNIF 法は 1989 年にヨーロッパコミュニティ（EC）で，さらに国際ワイン協会（Organization Internationale de la Vigne et du Vin（OIV））で認められた．米国やカナダの公式分析化学協会（Association of Official Analytical Chemistry（AOAC））でも公式検査法として認められ，1996 年には AOAC の "今年の測定法" の栄誉を受けた．いまでは，SNIF 法で，別の植物から出る同じ化学構造のエタノールを選び出すことが可能になった．どの地域のブドウ汁からのワインか，わかるようになった．この方法は種々の光合成や，植物の代謝，そして異なった地政学的，気候条件から帰結されることである．水素に対する重水素の割合は地域ごとに，ワインごとに異なる．水素（H）の重水素（D）に対する割合は，ppm（10 の 6 乗分の 1）の単位で測定される．この比 D/H はベニスでは 16,000，対流圏では 0.01，地球上の南極ではおよそ 90，熱帯では 160 である．このように大きな値の分布がある．この評価のさらなる可能性は，重水素の異な

[p]訳者注：分子中の電子の流れのつくる磁場による共鳴周波数の修正分，すなわち，ずれ（シフト）を化学シフトとよぶ．微小だが十分検出可能である．分子中のプロトン（陽子）の特徴的な位置ごとに化学シフトが異なるので，化学シフトの位置とそこでの量を見て分子の同定ができる．プロトン（H）と重水素（D）でも化学シフトが異なる．複数種の分子の系では，H と D の区別も含め，異分子の存在量の相対比がわかる．これが産地証明になるというのが本文の内容である．

る分子への分布と関連している．エタノールに関しては，CH_2D-CH_2-OH または $CH_3-CDH-OH$ または CH_3-CH_2-OD を見つけることができる．それぞれの分子グループの D/H のパーセント比は重水素のNMRスペクトルから見積もることができる．なぜならそれぞれのグループで電流がもたらす外部磁場の補正により共鳴線は異なった周波数で起こるからである．NMR信号から，データベースに収録されたスペクトルを参照する適切な計算機プログラムの方法を用いれば，ボトルのラベルを見るだけで，地域的な起源も，ワインに加糖されたかもわかるのである．

あとがき

物理のわれらの物語は一歩，一歩進んで，終着点に来た．われわれは読者に語った．物理は，これほど多くの身のまわりのものを説明する助けになるものだということを．思い出してほしい，蛇行する川，青い空，キーキーと鳴くやかんを．忘れないでほしい，歌うバイオリン，ゴブレットの鐘の音を．

物理の魔法はいま起きていることを説明できる力だけでなく，いままで起きたことのないことが，これからどうなるかを予測する能力ももっている．このことから，物理を科学技術の発展の最前線に配置してきた．現代物理学は驚異の量子世界の扉を開けた．ポテンシャル井戸の中の囚人たちはモンテ・クリスト伯のごとく地下牢から逃げ出し，磁場は超伝導体にピアスを刺し，光量子の波動性と粒子性をかけもつ揮発しやすい混合物は，ギリシャ神話でのケンタウルスを思い出させる．

量子の世界の不思議は想像を超えるものである．しかし数学という武器を用いれば，理論物理学は量子の振る舞いをきわめて正確に記述することに成功するので，実験結果は正確に理論の予測に合致する．観念的な可視化もしかねる現象でも正確に表現できるこの能力は，世界的に著名な物理学者，L.D. ランダウの考えでは，20 世紀の理論物理学の偉大な勝利である．

訳者の現職
ソウル大学客員教授．大阪経済法科大学客員教授．
大阪市立大学名誉教授．理学博士．

身近な物理　バイオリンからワインまで
── The Wonders of Physics I

平成 28 年 1 月 30 日　発　行

訳　者　村　田　惠　三

発行者　池　田　和　博

発行所　丸善出版株式会社
〒101-0051 東京都千代田区神田神保町二丁目17番
編 集：電話（03）3512-3267／FAX（03）3512-3272
営 業：電話（03）3512-3256／FAX（03）3512-3270
http://pub.maruzen.co.jp/

組版印刷・製本／三美印刷株式会社

ISBN 978-4-621-08750-3 C 0342　　Printed in Japan